西北地区高陡特殊岩土边坡失稳机制与整治

陈志敏　余云燕　著

国家自然科学基金项目（11662007）
甘肃省基础研究创新群体（145RJIA332）　共同资助
长江学者和创新团队发展计划（IRT_15R29）

科 学 出 版 社
北 京

内 容 简 介

本书以实际工程为背景，以室内试验、现场试验和现场监测数据为依据，以理论分析和数值仿真研究为突破口，系统研究了西北地区高陡黄土、高陡盐渍土、高陡泥砂岩互层三类特殊岩土边坡失稳形成原因和规律，并提出相应的工程病害整治措施，为此类科学及工程问题的解决提供理论参考。

本书可作为高等院校岩土工程、岩石力学、地质工程等专业研究生的教学参考书，也可供相关专业教师、工程技术人员、研究生及高年级本科生阅读参考。

图书在版编目（CIP）数据

西北地区高陡特殊岩土边坡失稳机制与整治/陈志敏，余云燕著. —北京：科学出版社，2018.2

ISBN 978-7-03-056482-5

Ⅰ. ①西… Ⅱ. ①陈… ②余… Ⅲ. ①岩石-边坡稳定性-研究-西北地区 Ⅳ. ①TU457

中国版本图书馆 CIP 数据核字（2018）第 020010 号

责任编辑：亢列梅 乔丽维 / 责任校对：王晓茜
责任印制：张 伟 / 封面设计：陈 敬

科 学 出 版 社 出版
北京东黄城根北街 16 号
邮政编码：100717
http://www.sciencep.com

北京厚诚则铭印刷科技有限公司 印刷
科学出版社发行 各地新华书店经销
*
2018 年 2 月第 一 版 开本：720 × 1000 1/16
2018 年10月第二次印刷 印张：9 3/4
字数：150 000

定价：88.00 元

（如有印装质量问题，我社负责调换）

前　言

随着西部大开发的持续深入和“一带一路”建设的快速推进，西北地区特殊岩土区工程建设规模日益巨大，高陡边坡的变形破坏机制及稳定性研究更显重要和紧迫。边坡是一个地质体。只有从根本上认识边坡的工程地质条件、变形破坏机制，才能彻底解决边坡地质灾害问题，也才能做到成功预防和防治边坡地质灾害，使各种损失减到最低。同时，大量工程实践为边坡的变形破坏机制、预测和治理研究提供了极好的条件。一方面，结合工程实践的研究能解决工程的具体问题；另一方面，通过实际问题的解决，工程地质分析方法在边坡的变形破坏机制和治理研究中也得以丰富和发展。总之，边坡的地质灾害问题已成为地质工程及相关学科非常重要的研究课题。

边坡工程问题的研究分为理论研究、现场考察、试验研究和数值模拟四个方面。本书主要介绍作者结合具体的工程实例系统进行理论研究、现场和室内试验以及数值仿真分析得到的理论成果及相应的工程病害整治措施，为此类科学及工程问题的解决提供理论上的参考。

全书共 5 章。第 1 章主要介绍三种类型的高陡边坡及相对应的失稳机制研究现状，指出研究高陡边坡失稳的必要性和重要性，并阐述作者的研究思路。第 2 章介绍高陡黄土边坡的工程背景，并指出相应的灾害成因，结合现场试验和室内试验，得出综合分析方法，通过实际情况与之相验证。第 3 章介绍高陡盐渍土边坡整治工程的实际背景，以南疆铁路路基病害的实际案例为基础，通过试验研究，改良配方，并与常规试验进行对比，结合整治效果予以验证。第 4 章介绍高陡泥砂岩互层边坡失稳机制，以古浪边坡实际工程为背景，对崩塌机理进行研究与综述，并对综合整治措施进行研究。第 5 章对前面的三种高陡边坡进行系统的总结并对未来进行一定的展望。

本书的成果来源于作者近些年来主持和参与完成的一系列科研项目，包括国家自然科学基金项目（11662007）、甘肃省基础研究创新群体

（145RJIA332）、长江学者和创新团队发展计划（IRT_15R29）等。在本书出版之际，对在项目研究中给予指导和帮助的兰州交通大学土木工程学院赵德安教授及参与项目的已毕业硕士研究生蔡小林、李双洋、王伟、侯红林、张照亮、彭典华、张发、李亚子、哈建超等表示衷心的感谢。在读硕士研究生方智淳参加了本书的部分编排工作，在此表示感谢！同时，还要感谢对项目开展提供支持的兰州铁路局、中铁西北科学研究院有限公司、甘肃省公路局等单位。希望本书的出版能够起到抛砖引玉的作用，为促进边坡工程的发展和进步贡献微薄之力。

由于高陡边坡失稳机制研究尚处于探索阶段，且限于作者的水平，书中难免有不足之处，恳请同行专家批评指正！

陈志敏　余云燕

2017 年 7 月于兰州

目　　录

1 绪　论

1.1 西北地区特殊岩土高陡边坡概述

西北地区地质环境特殊，孕育了黄土、盐渍土、软弱的砂泥岩互层等众多特殊岩土。随着西部大开发的持续深入和“一带一路”建设的快速推进，在西北特殊岩土地区开展大规模工程建设不可避免会遇到高陡边坡稳定问题，此类问题的研究决定各种重大工程建设能否顺利进行。课题组 10 余年来针对不同类型特殊岩土边坡工程病害整治开展了从试验、理论分析到工程实践的系列研究。近年来，特殊岩土高边坡工程建设和治理工作逐年增多，此类边坡一旦失稳危害巨大，治理难度和成本很高，为此急需将前期研究成果予以整理。此类边坡在整治前，甚至工程规划和建设前，如果能对其边坡的稳定性及其可能的工程病害进行预见性评价，必将对工程设计起到至关重要的作用；同时对于此类边坡病害的整治也具有重要的参考价值。

现对西北地区广泛存在的几种特殊岩土高陡边坡概述如下。

1.1.1 高陡黄土边坡

高陡边坡是指土方的开挖高度大于 20m 且坡度为 30°～60°的边坡。高陡边坡因受到各方面不稳定因素的影响，经常出现崩塌和滑坡等工程事故与地质灾害。经过黄土地区的铁路、公路和灌溉渠道，常遇到高陡边坡，其稳定性涉及交通和渠道运行的安全。关于高陡边坡的坡型、坡比和稳定性，有许多研究成果，在实际工程中发挥了重要作用，但高陡边坡的滑塌事故仍经常发生，如陕西宝鸡峡引渭灌区源边渠道，在修建期间就发生 10 余次滑塌事故，运行期间又发生多次滑塌事故；又如陇海铁路的豫西段和宝天段在雨季经常有路堑滑塌。过去对这种边坡的稳定性研究较多，但对其破坏机理和增稳措施研究比较少。

黄土地区高陡边坡的稳定性由工程场地的地形地貌、地层岩性、地质构造、水文地质条件所决定，但外界因素（如降水或工程爆破）经常对滑坡起到诱发作用[1-3]。应当在了解场地岩土特性、野外勘察的基础上，针对具体情况，制订经济有效的治理方案[4-6]。

1.1.2 高陡盐渍土边坡

盐渍土是一种工程性质较差的筑路材料，土粒相对密度为一般为2.66，填土的最大干密度约为1.75g/cm^3，最佳压实含水率为12%～15%。盐渍土含有较多的粉土粒，干时虽稍有黏结性，但易被压碎，扬尘大，浸水时很快湿透，易成流体状态。盐渍土的毛细水上升高度大，在季节冰冻地区更容易使路基产生水分积累，造成严重的冬时冻胀、春时翻浆，故又称翻浆土，这使盐渍土的工程性质大为恶化，极易引起塌方、滑坡、翻浆冒泥等病害，成为高等级公路的主要工程问题。可见，盐渍土路基边坡的稳定性，关键是解决防水排水的问题[7, 8]。

盐渍土具有易冲刷、遇水稳定性差的特点，特别是降水集中的气候特点容易造成地表径流集中，排水设施水流速度大，具有较强的冲刷能力，对抗冲刷能力较低的盐渍土路基边坡稳定尤其不利。边坡防护工程稍有缺陷，易出现较大的冲刷破坏[9]。

1.1.3 高陡泥砂岩互层边坡

特殊的地质环境条件是地质灾害形成的基础和根本原因[10]。西部地区地质灾害频发，属地质灾害重灾区。西部地区地形起伏大，构造活动强烈，岩土体物理风化严重，山体植被稀少，地质环境十分脆弱。在降水、地震、人类工程活动等条件影响下，山体极易发生崩塌地质灾害。

我国西北地区发育了不少泥岩与砂岩互层的岩质边坡，特别是有些区域的泥岩具有膨胀性而形成膨胀性泥岩砂岩互层边坡。由于泥岩的特殊工程性质，软弱的泥岩层严重影响了边坡稳定，容易引发崩塌地质灾害。受岩性差异的影响，西北地区的泥岩砂岩互层边坡更容易表现出差异风化，再加上区域地质条件十分复杂，泥岩层如果在坡体内贯通，就容易在坡体内形成软弱结构面，这种情况下坡体的稳定性评价十分不易且坡体更容易产生崩塌地质灾害。

泥岩的物理力学性质受水的影响很大，在边坡施工中很容易引起滑坡、崩塌等地质灾害。因此在土木工程中，必须加强对泥岩特性变化的关注，充分了解影响泥岩物理力学性质的因素并找到其变化规律。

1.2 高陡边坡失稳机制研究现状

1.2.1 高陡黄土边坡失稳机制研究现状

边坡自形成开始，坡体就处于不断变形中，直到坡体中出现连续贯通面并以一定加速度发生位移后，边坡转为破坏阶段。黄土边坡既有一般边坡的性质，又由于黄土特有结构而不同于一般边坡。黄土边坡变形破坏机理包括蠕变理论、应变局部化理论、渐进性破坏理论、突变理论、震害理论、水害理论等。

虽然制约边坡失稳的因素较多，但从边坡失稳破坏形式看，导致边坡失稳的原因不外乎两类：

（1）外界力的作用破坏了土体内原有的应力平衡状态，如路堑或基坑的开挖，路堤的填筑或土坡顶面上作用外荷载，以及土体内水的渗透力、地震力的作用，都会改变土体内原有的应力平衡状态，促使土坡失稳破坏。

（2）黄土的抗剪强度由于受到外界各种因素的影响而严重降低，促使土坡失稳破坏，如外界气候等自然条件的变化使土时干时湿、收缩膨胀、冻结、融化等，从而使黄土结构变松；土坡内雨水的浸入使土湿化，强度降低；土坡附近因施工引起的震动，如打桩、爆破等，以及地震力的作用，引起土的液化或触变，使土的强度降低，从而导致失稳。

王斌等[11]针对岩质高陡边坡动力响应和失稳机制问题，设计并完成了含不连续节理的岩质高陡边坡大型振动台模型试验。对主要岩性特征，采用水泥、沙、铁粉、黏土与混合剂配制岩体材料；对岩质边坡的不连续节理，在边坡内部按照一定的规律设置表面摩擦系数极低的特氟龙布。试验得出含顺向不连续面的高陡岩质边坡地震作用下的破坏形态主要有三个阶段：裂缝开展、坡面剥落、崩塌滑动；主要滑动面沿特氟龙布开展，发生在 2/3 坡高的位置；加速度响应沿坡面向上有明显放大，水平向加速度占主导；当地震烈度加大时，离坡尖越近，加速度放大效应越强。

1.2.2 高陡盐渍土边坡失稳机制研究现状

盐渍土作为一种不同于一般土的特殊土，当在工程上被作为路基基底和填料时，表现出诸多的特殊性。土中含有盐，尤其是易溶盐，它使土具有明显的腐蚀性，对建筑物基础和地下设施构成一种较严酷的腐蚀环境，影响其耐久性和安全性。盐渍土含盐量多，呈现出不同的腐蚀特性和腐蚀等级，主要分为两大类，一类是化学腐蚀，即土中的盐与建筑材料发生反应而引起的破坏作用，此类盐多是氯（亚氯）盐渍土。这种盐结晶时体积不发生变化，因此对路基路面不会产生大的盐胀病害。另一类是物理结晶性腐蚀（又称为盐胀），即具有一定矿化度环境水，在毛细作用下，从潮湿一端进入墙体，从暴露在大气中的另一端蒸发，墙体孔隙中的溶液浓缩后结晶膨胀造成建筑材料破坏。该地区主要是以氯（亚氯）盐渍土和硫酸盐渍土为主，两种盐对钢筋混凝土及路基的腐蚀破坏原理不同，氯（亚氯）盐渍土以化学腐蚀为主，而硫酸盐渍土以物理结晶性腐蚀（盐胀）为主。

张永康等[12]为使铁路建设既能满足路基质量要求和工程安全，又能节约投资，对几种填料方案进行研究，得出针对某铁路特殊的自然地理条件和气候特征，通过采用非盐渍土、改良盐渍土、盐渍土等填筑路基方案的经济技术比选，最终采用盐渍土填筑方案进行路基工程设计；同时通过借鉴我国相关铁路建设的成功经验，采用毛细水隔断、提高路基压实标准、放缓边坡坡率等综合措施，保证铁路路基的安全稳定，并可节约投资。

蒋春阳[13]认为弱盐渍土分布地区，产生病害不严重的路段，可不作处理或采用加强路基排水的方法进行防治。盐渍土地区路基必须设置完善的纵、横向排水设施。排水设施应结合当地农田排、灌系统综合考虑，合理布设桥涵，做好边沟、排水沟、截水沟和取土场的相互配合设计，使水流畅通，不影响路基稳定；修建排水设施，有效地处理好截流导流，确保路基不受侵蚀；采用排沟、排碱渠、渗沟、渗井等方法将路基地下水或地表水引出，从而降低地下水位，减少盐渍土发生冻胀和盐胀等病害。

1.2.3 高陡泥砂岩互层边坡失稳机制研究现状

泥砂岩互层边坡崩塌是在一定的地质环境条件下由降水、人为扰动等诱发作用形成的崩塌。影响崩塌的因素很多，可分为地质内部因素和外部诱发因素两大方面[14]。地质内部因素一般包括地形地貌、地层岩性、地质构造等；外部诱发因素一般包括人类工程活动、降水、地震等。斜坡上泥砂岩互层岩体风化强烈，出露基岩中泥岩、砂岩受差异风化的影响，凹凸悬殊的坡面地形为崩塌的发生提供了物质基础；斜坡构造复杂，节理裂隙发育，坡面岩石整体性较差，为崩塌的发生提供了较好的边界条件；降水、公路施工开挖高路堑活动等加剧了崩塌的发育并诱发了崩塌。

研究坡段崩塌发育有两类特征：一类是崩塌后沿坡面运动一定的距离后落在公路路面上，部分保持整体状结构；另一类是小型块体沿坡面溜落，堆积在护面墙上面的平台上，堵塞排水沟。崩塌发育规律是：较大规模的崩塌突发性强、失稳块体的运动形式多样、失稳块体运动距离大。

胡斌等[15]以沪蓉高速公路某软硬岩互层边坡为例，基于开挖卸荷理论，采用 FLAC 软件进行数值模拟，研究分步开挖卸荷作用对软硬岩互层边坡稳定性的影响规律。结果表明，最大不平衡力、最大水平位移、剪应变最大值随开挖步数的增加累积增大，最大值出现在开挖卸荷面软弱夹层剪出口位置，与开挖量呈正相关关系；每步开挖后瞬间会产生最大不平衡力“尖点”，然后逐渐减小接近于零。夏开宗等[16]针对沪蓉国道主干线湖北宜昌至巴东高速公路上的顺层软硬岩互层边坡破坏特征，建立了顺层软硬岩互层边坡稳定性的分析模型，分析了层面强度、岩层厚度、岩层倾角、水力作用等各项因素对边坡稳定性的影响，探索软硬岩互层边坡稳定性的一些规律。结果表明，敏感度排序为：层面倾角＞层面内摩擦角＞层面厚度＞边坡中水力作用＞层面黏聚力，即层面倾角和软弱岩层面的强度参数（内摩擦角）对边坡稳定性起主要控制作用。

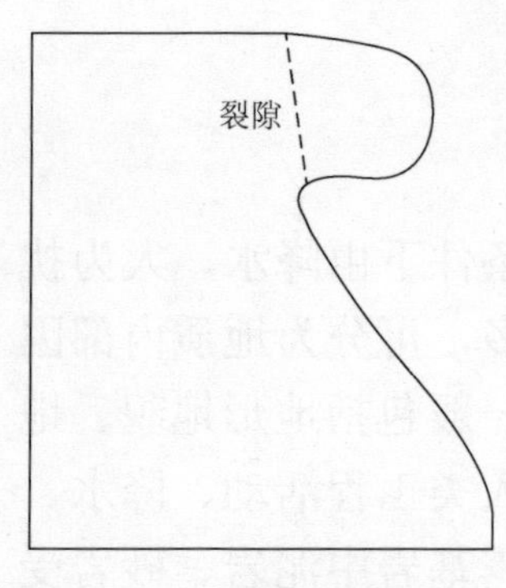

图 1-1　拉裂式崩塌破坏

崩塌的形成条件分为地质因素和诱发因素。地质因素包括地形地貌、岩性特征和风化卸荷，诱发因素包括高路堑开挖和降水。

根据国内外专家学者对崩塌的分类研究，拉裂式崩塌有以下特点：拉裂式崩塌多形成在软硬互层的岩质边坡中，多为在重力的作用下因差异风化或降水因素而以悬臂形式突出的硬岩沿着风化裂隙或者重力张拉裂隙拉裂，如图 1-1 所示。

参考文献

[1] 籍延青. 某岩质边坡失稳机理分析及处置措施研究[J]. 山西交通科技, 2011, (5): 110-114.

[2] 王成, 黄勇. 天山公路 K701＋850 路段危岩体防治对策研究[J]. 公路交通科技: 应用技术版, 2011, (6): 27-31.

[3] 李沧海, 邓辉, 张敏, 等. 渝利铁路青石岩段边坡危岩体稳定性评价及防治措施研究[J]. 地质灾害与环境保护, 2010, 21(1): 35-39.

[4] 刘卫华. 高陡边坡危岩体稳定性运动特征及防治对策研究[D]. 成都: 成都理工大学, 2008.

[5] 胡厚田. 崩塌与落石[M]. 北京: 中国铁道出版社, 1989: 9-24.

[6] 刘宏, 宋建波, 向喜琼. 缓倾角层状岩质边坡小危岩体失稳破坏模式与稳定性评价[J]. 岩石力学与工程学报, 2006, 25 (8): 112-116.

[7] 李治新. 盐渍土地区公路养护与环境评价研究[D]. 西安: 长安大学, 2009.

[8] 王强. 改变盐渍土路基结构防治盐渍土病害的试验分析与研究[D]. 阿拉尔: 塔里木大学, 2013.

[9] 梁俊龙. 内陆盐渍土公路工程分类研究[D]. 西安: 长安大学, 2010.

[10] 李迎新. 地质灾害分类与防治[J]. 西部探矿工程, 2009, 21 (4): 42-46.

[11] 王斌, 车爱兰, 葛修润, 等. 岩质高陡边坡动力响应及失稳机制大型振动台模型试验研究[J]. 上海交通大学学报, 2015, 49 (7): 951-956.

[12] 张永康, 张田, 张荣飞, 等. 高盐渍土地区某铁路路基填料选择研究[J]. 铁道工程学报, 2016, 33 (9): 10-13.

[13] 蒋春阳. 盐渍土路基防治措施与选择标准[J]. 筑路机械与施工机械化, 2013, 30 (2): 46-48.

[14] 彭洪明. 贵州省开阳磷矿洋水矿区崩塌形式研究[D]. 成都: 成都理工大学, 2012.

[15] 胡斌, 姚文敏, 余海兵, 等. 分步开挖卸荷作用下软硬岩互层边坡的稳定性分析[J]. 科学技术与工程, 2016, (29): 281-286.

[16] 夏开宗, 陈从新, 鲁祖德, 等. 软硬岩互层边坡稳定性的敏感性因素分析[J]. 武汉理工大学学报: 交通科学与工程版, 2013, 37 (4): 729-732.

2 高陡黄土边坡失稳机制与整治

2.1 工 程 背 景

宝中铁路 K154+200 位于甘肃省平凉市大寨岭。1996 年 7 月，百年一遇的大雨（降水量为 189mm/d）造成线路左侧积水严重，有水穿路基的现象，原刷坡路堤严重滑塌，线路下沉量不详。兰州铁路局及时采取措施治理病害，修了整体护坡。1997 年，线路左侧再次积水，渗入路基中的水再次对线路安全造成隐患。1998 年，平凉地区连续阴雨 10 天，造成整体护坡外鼓，线路旁边的接触网杆甚至发生严重倾斜。针对这一情况，兰州铁路局及时安排病害整治工程，在线路左侧设计了两道浆砌片石截水沟，一道靠线路，另一道距线路约 24m；将原来线路右侧的整体护坡改为三级护坡；道床下铺了排水板。整个工程于 1999 年 5 月竣工。1999 年 6～7 月，又发现线路左侧麦田内有六七处陷穴，直径 10 余厘米。针对此情况，固原工务段在线路左侧施工了 3m 双灰桩，直径 30cm，桩底 30cm 三七灰土，桩顶设排水板，板上覆 30～50cm 三七灰土，1999 年 10 月施工完成。1999 年底至 2001 年 8 月线路运行正常。

2001 年 9 月 15 日至 28 日，平凉地区再次出现连续阴雨天气，在线路左侧施工完双灰桩的地面以及线路右侧坡面上又发现多处裂缝，线路下沉约 100mm，路基下沉约 300mm。同时，在一级护坡的上 1/3 处出现了似泉眼的渗水现象。

2001 年末，兰州铁路局勘测设计院接受任务，再次对宝中线 K154+200 路基病害进行治理方案研究并承担工程设计，同时兰州交通大学与兰州铁路局勘测设计院共同承担了兰州铁路局的科研项目，路基滑坡位置全景如图 2-1 所示。

最后，通过科研、试验、设计、施工等多方面的综合努力，病害整治后进行的长期边坡位移、路基沉降、排水量及水位监测结果表明，边坡已经处于稳定状态，立体排水效果明显。

图 2-1 宝中线 K154+200 高路堤滑坡位置全景

2.2 宝中线大寨岭黄土高路堤滑坡机制研究

黄土滑坡多与裂隙节理、渗流水及特定的地形条件有关，滑体物质主要由第四系各种成因的黄土及黄土类土组成。由于黄土中粉土颗粒含量高，结构疏松，侵蚀作用强烈，同时黄土具有较发育的节理系统，而且这些构造节理具有较好的贯穿性，一般可上下贯穿黄土各分层，加上黄土中有较发育的大孔结构，这些因素都有利于表水下渗，黄土下伏地层多为新近系红黏土或以泥岩和砂质泥岩为主的白垩系红层，相对隔水，易于在这一部位形成滑动面。黄土滑坡还包括堆填土滑坡。堆填土滑坡指人工堆填土和弃土中产生的滑坡，如填土路堤滑坡。个别高度在20～40m 的铁路路堤，也可产生大滑坡造成严重灾害和损失。该黄土高路堤滑坡病害位于宝中铁路甘肃平凉大寨岭。滑坡位于冲沟填土之上，由于当地连年降水，曾造成线路左侧积水严重，有水穿路基的现象，原刷坡路堤严重滑塌，线路下沉以及整体护坡外鼓，线路旁边的接触网杆甚至都发生严重倾斜等病害现象。针对这一情况，曾陆续采取了将原整体护坡改为三级护坡（图 2-2）以及浆砌片石截水沟、道床下铺设排水板、三七灰土桩等措施。

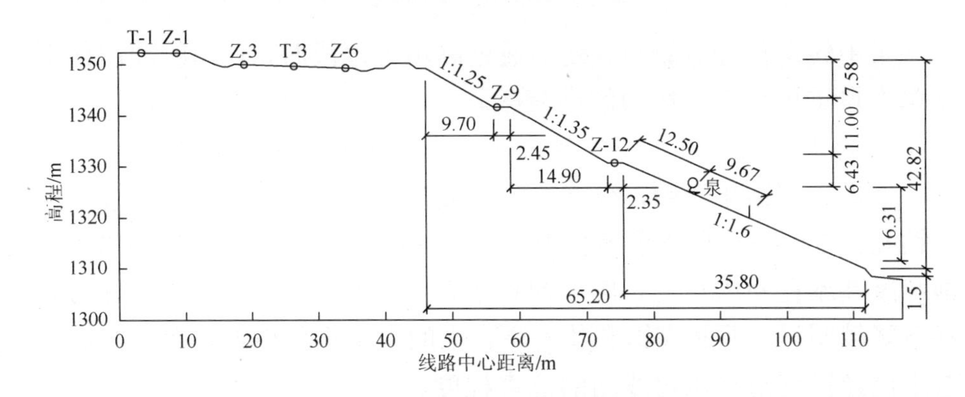

图 2-2　大寨岭 K154+200 路堤断面

2.2.1　宝中线大寨岭黄土高路堤滑坡成因分析

滑坡的发生和发展是由各种内、外在因素互相作用促成的，是错综复杂的，也是不断变化的。但在其发生和发展的每一阶段，必有少数几个起主要作用的条件和因素存在。通过现场调查及钻探等手段了解病害地点的地质情况，再经过大量的室内处理，基本上总结得出病害形成是地形地貌、岩土体性质、地质构造、地表水、地下水等因素综合作用的结果[1]。

1. 不利的地形、地质条件为滑坡的形成提供了物质基础

地表的地形是滑坡活动和潜在的不稳定的外表线索。此段铁路以左为平地，平地以上为高山，容易汇集地表水，水的作用促成该滑坡的形成。

该病害地段填土为黄土，砂质和黏质互层。由于长期受地下水等作用的侵蚀，已处于饱和状态，又受冲击荷载作用，构成软弱结构面。而且黏质黄土具有隔水性能，容易积水。现场也发现了临空面的软弱层面，这些倾斜软弱层面及其组合的产状有利于岩土向下滑动。

2. 填方加载及边坡是工程滑坡的必备条件

工程滑坡是指工程活动引起的滑坡，此病害地点属高填方路堤边坡。这种高填方路堤多由风化带、断裂带和堆积层组成，强度相对较低，并且在冲沟内还潜伏有软弱面。填方斜坡地层应力主要是自重应力，并由其引起滑坡。

宝中线运营任务繁重，列车通过高填方地段时，列车的冲击作用是比填方自重更具有破坏力的动荷载。

3. 地表水及地下水（气候条件）是形成滑坡的直接诱因

地质钻探结果表明，线路右侧护坡内土体含水率很高。二级平台三个钻孔在3～10m有严重缩孔现象。滑体内最高含水率达28%以上，其饱和度基本在90%以上，属于饱和状态。含水率越大，土的各种力学指标下降越明显，尤其在饱和状态下，土的力学指标更差。而且在病害调查中已经提到雨季水对线路的危害程度。

进入雨季，降水逐渐增多，使土体的孔隙、裂隙处于饱和状态，既产生了静水压力，又增加了坡体重量，各种软弱面进一步软化，强度进一步降低，当其抗剪强度不能抵抗边坡的下滑力时，便会导致滑坡的产生。通过以上分析及地面变形和裂缝分布情况判断，该路堤有蠕动滑动现象，且有明显的潜在滑坡危险。

2.2.2　室内试验与现场试验

1. 试验目的

近年来，虽然注浆技术有了很大的进步，但该领域仍存在一些亟待解决的问题。为了更好地为注浆施工提供可靠的依据，拟在现场附近注浆，然后进行原位测试试验，确定注浆的效果。

土的抗剪强度指标是指土体抵抗剪切破坏的极限能力，是土的重要力学性质之一。本书就是在注浆后进行原位测试试验确定注浆后土的抗剪强度指标情况。

2. 试验方法

本试验注浆的目的是改善土性，因此重点研究注浆后土的抗剪强度指标。测定土的抗剪强度指标的常用方法主要有现场直剪试验、十字板剪切试验等。《铁路工程地质勘察规范》（TB 10012—2007）中对十字板剪切试验的适用岩土类别定为对黏性土适用，对软土很适用；《岩土工程勘察规范》（GB 50021—2001）中10.6.1十字板剪切试验可用于测定饱和软黏性土（$\varphi = 0$）的不排水抗剪强度和灵敏度。而《铁路工程地质勘察规范》（TB 10012—2007）中现场直剪试验的适用岩、土类别很广，包括岩石、碎石土、砂土、粉土、黏性土、软土、填土。因此，采用现场直剪试验测定注浆后土的抗剪强度指标。

3. 试验机具

（1）可以考虑采用大型直剪仪。大型直剪仪的剪切盒只有一个，下盒以天然土代替。土体直剪试验示意图如图 2-3 所示。

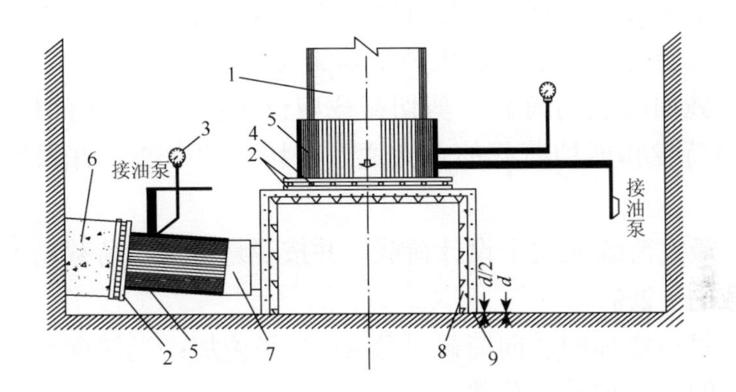

图 2-3 直剪试验示意图 1

1-传力柱；2-垫板；3-压力表；4-滚轴排；5-液压千斤顶；6-混凝土后座；7-斜垫块；8-钢筋混凝土护壁；9-剪切缝

（2）主要仪器和设备应包括液压千斤顶或液压枕、液压泵及管路、压力表、垫板、滚轴排、传力柱及传力块、斜垫板、测量支架、测量表架、测表。

4. 测试方法

当剪切面水平或近于水平时，可采用平推法或斜推法；当剪切面较陡时，可采用楔形体法。

5. 试体要求

现场直剪试验的试体要求如下：

（1）试体宜加工成方形。

（2）现场直剪试验每组土体不宜少于 5 个，剪切面积不得小于 $0.25m^2$，试体最小边长不宜小于 50cm，高度不宜小于最小边长的 50%。

（3）试体之间的距离应大于最小边长的 1.5 倍。

（4）对易被压坏的试体，需浇筑钢筋混凝土保护套，保护套应具有足够的强度和刚度。保护套底部与基岩之间应预留 2cm 的剪切缝。

（5）试体或保护套应平行预定剪切面。

（6）在试体的推力部位，应留有安装千斤顶（或施加重物）的足够空间，平推法应开挖千斤顶槽。

（7）试体周围结构面充填物及浮渣应清除干净。

6. 技术要求

现场直剪试验的技术要求如下：

（1）开挖试坑时应避免对试体的扰动和含水率的显著变化；在地下水位以下试验时，应避免水压力和渗流对试验的影响。

（2）施加的法向荷载、剪切荷载应位于剪切面、剪切线的中心；或使法向荷载和剪切荷载的合力通过剪切面的中心，并保持法向荷载不变。

（3）最大荷载应大于设计荷载，并按等量分级；荷载精度应为试验最大荷载的±2%。

（4）每一实体的法向荷载可分 4～5 级施加；当法向变形达到相对稳定时，即可施加剪切荷载。

（5）每级剪切荷载按预估最大荷载的 8%～10%分级等量施加，或按法向荷载的 5%～10%分级等量施加；岩体按每 5～10min，土体按每 30s 施加一级剪切荷载。

（6）当剪切变形急剧增长或剪切变形达到试件尺寸的 1/10 时，可中止试验。

（7）根据剪切位移大于 10mm 时的试验成果确定残余抗剪强度，需要时可沿剪切面继续进行摩擦试验。

7. 试验结果计算方法

（1）平推法试验按式（2-1）计算各法向荷载下的法向应力和剪切应力：

$$\sigma=\frac{P}{A},\quad \tau=\frac{Q}{A} \tag{2-1}$$

式中，σ 为作用于剪切面上的法向应力，MPa；τ 为作用于剪切面上的剪应力，即剪切强度，MPa；P 为作用于剪切面上的总法向荷载，N；Q 为作用于剪切面上总剪切荷载，N；A 为剪切面面积，mm^2。

（2）绘制各法向应力下的剪应力 τ 与剪切位移 u_s 及法向位移 u_n 关系曲线。根据关系曲线，确定各法向应力下的抗剪断峰值和抗剪峰值。

（3）绘制法向应力σ与其对应的抗剪强度τ关系曲线（图 2-4），按莫尔-库仑表达式确定相应的抗剪强度参数。

8. 具体施工方法

（1）试坑布置要求。在注浆点的中心布置至少一个试坑，在两个或三个注浆点的边界处布置至少一个试坑，总试坑数量至少 3 个。

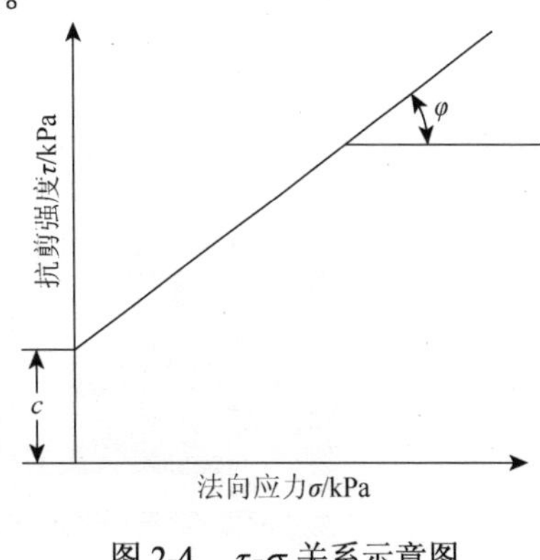

图 2-4 τ-σ 关系示意图

（2）单个试坑剪切试验要求。每个试坑向下挖 3m（视具体情况而定）后，成型第一个试体进行剪切试验，并记录。试验完毕，继续向下挖 0.5m，然后成型第二个试体进行剪切试验，并记录。用同样方法进行下一个试体，要求每个试坑至少对三个试体进行试验。

9. 试验仪器设备

试验采用自行设计的剪切盒和工字钢反力堆载平台。其中水平加载系统由千斤顶、力传感器、球铰、传力柱、垫板等组成；竖向加载系统由千斤顶、力传感器、球铰、传力柱、垫板、滚轴排等组成。剪切盒与剪切面之间预留 2cm 间隙。

现场原位直剪试验试体布置如图 2-5 所示。试验采用 JYC 位移测试系统和 3817 应力测试系统自动记录测试数据。

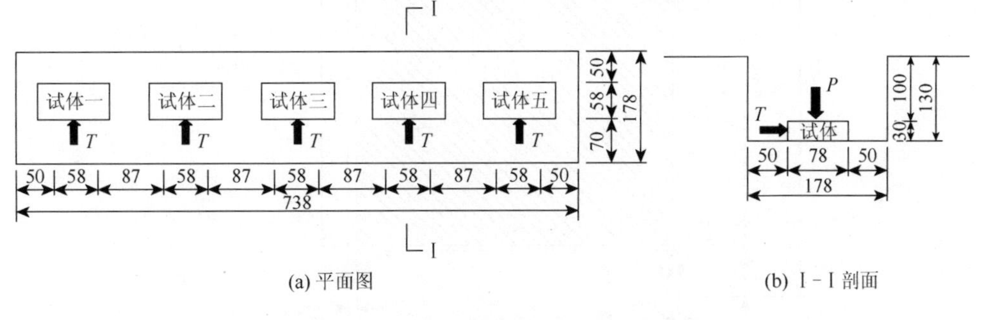

图 2-5 直剪试验布置（单位：cm）

（1）直剪仪。大型直剪仪的剪切盒只有一个，下盒以天然土代替。土体直剪试验示意图如图 2-6 所示。

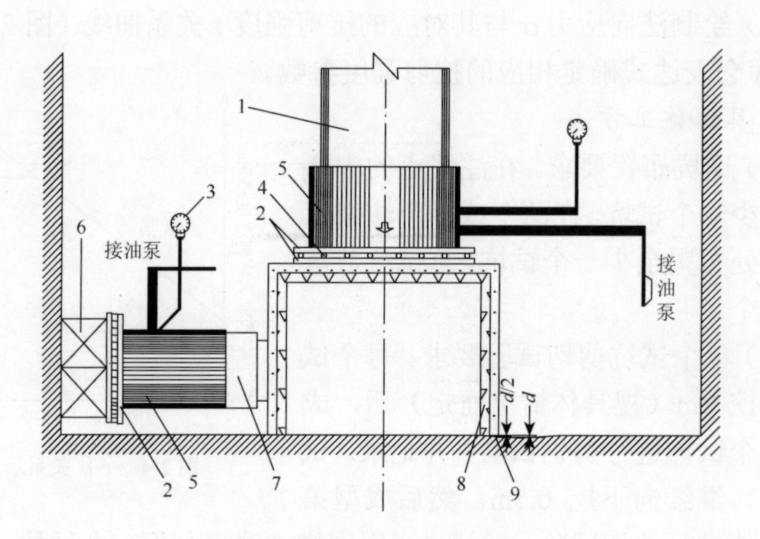

图 2-6　直剪试验示意图 2

1-铅块；2-垫板；3-压力表；4-滚轴排；5-液压千斤顶；6-钢管顶到抗滑桩上；7-垫块；8-钢板；9-剪切缝

（2）自行设计的剪切盒，其保护套安装示意图如图 2-7 所示。

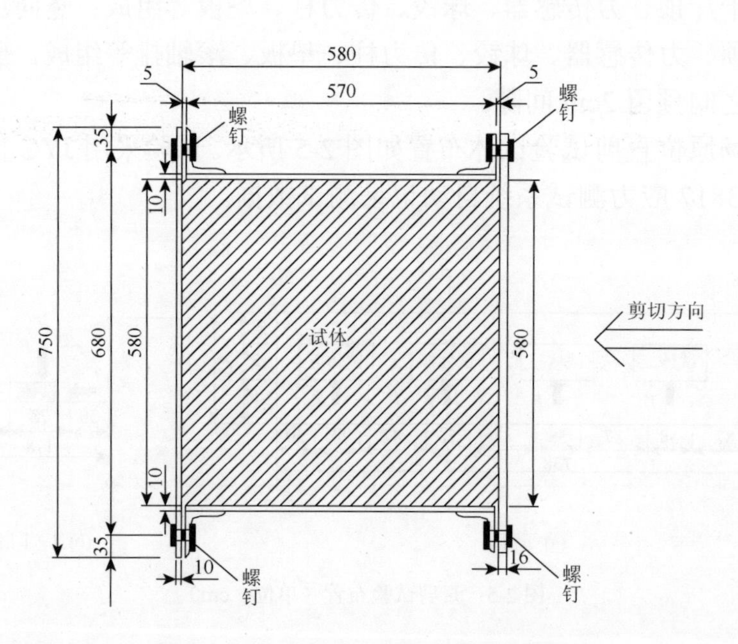

图 2-7　保护套安装示意图（单位：mm）

10. 现场试验照片

经加工组装后的现场试验系统工作情况如图 2-8 和图 2-9 所示。

(a) 滚轴及剪切盒

(b) 水平推力系统

(c) 竖向传力系统

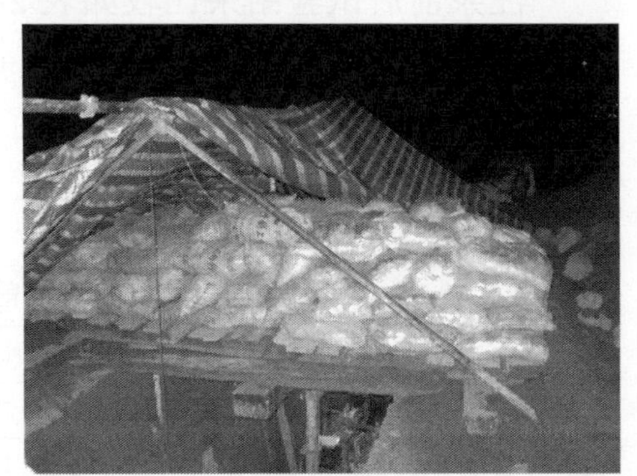
(d) 堆载系统

图 2-8　现场试验系统布置

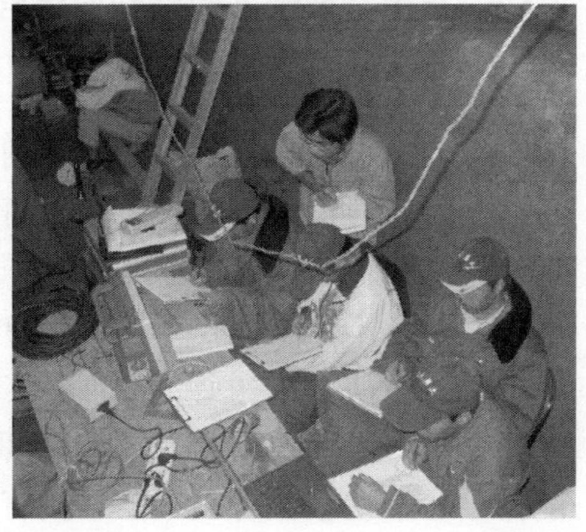

图 2-9　直剪试验现场

11. 试验结果

课题组针对回填土、原状土和原状土注浆三种情形进行了现场直剪试验，结果如表 2-1 所示。可以明显发现，注浆对原状土的抗剪强度有显著提高。

表 2-1 试验结果汇总

试验土体	回填土		原状土		原状土注浆	
	图解法	最小二乘法	图解法	最小二乘法	图解法	最小二乘法
c/kPa	10.20	9.98	40.17	40.37	68.48	55.76
φ/(°)	21.31	21.23	22.2	22.12	26.0	31.17

注浆前后试验结果比较如表 2-2 所示。可以看出，注浆后黄土复合土体的抗剪强度参数得到明显提高。其中，最小二乘法计算得到的黏聚力提高了 38.12%，内摩擦角提高了 40.91%。应该说明的是，试验场地单方注浆量仅为 53.4L/m^3，而实际工程的单方注浆量为 176.4L/m^3。

表 2-2 注浆前后试验结果比较

结果处理方法	图解法	最小二乘法
c 提高/%	70.47	38.12
φ 提高/%	17.1	40.91

2.2.3 黄土滑坡最不利滑动面综合分析方法

1. 概述

对于滑坡的稳定性分析，国内外学者已经做了很多研究工作，提出了许多行之有效的方法。特别是在求解有明显滑动面的变形坡体方面，已建立起了一套较为完整适用的理论。确定滑坡的滑动面却要相对复杂得多，许多滑坡特别是古老滑坡的滑动面一般可以很容易地通过其外貌特征以及地质勘察找到。然而在实际工程中，还存在大量的土质斜（边）坡，表面上已有一定的微量蠕动和变形。例如，遇水软化的黄土滑坡可能会存在蠕动甚至开裂，但不具有明显的滑动面，更看不出有明显整体位移，但可能已经处于保持稳定的极限状态。对于这一类坡体，如何确定滑坡滑动的最危险滑动面就显得特别重要，这将直接影响到滑坡整治方案的合理性乃至整治方案的经济性。

宝中铁路某黄土填筑的高路堤（42.8m）及护坡如图 2-10 所示。由于各种因素影响，填土密实度较低，雨季出现微量蠕动和变形，虽尚未形成明显的滑动面，但已危及铁路行车安全。经勘查分析，水是路堤产生蠕动的主要原因，工程治理拟采用平孔排水、路基下注浆以增加密实度和抗滑桩支挡的综合方案。由于看不出有明显的剪出口，没有形成明显的滑体，确定最不利滑动面的方法成为困难。

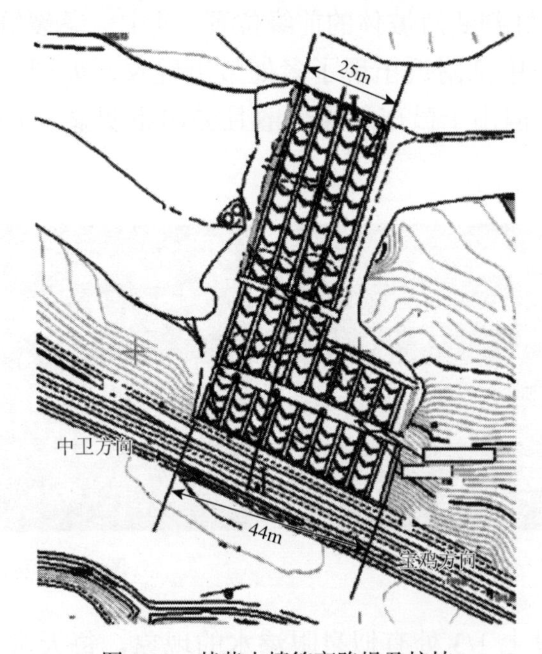

图 2-10 某黄土填筑高路堤及护坡

本节针对这一工程实际问题，探讨综合考虑液性指数、塑性指数、含水率、新老土层结合面和坡面开裂及鼓出控制点等多种因素确定滑动面的方法。根据边坡蠕动方向剖面的地质钻孔数据，先通过含水率较大的位置做出一系列假定的折线滑动面，经过稳定性分析找到一个相对最不利滑动面；液性指数 I_L 是反映黏性土稠度状态的一个指标，液性指数越大，表示土越软，越容易形成滑动面，因此再通过钻孔液性指数较大的位置做出一系列假定滑动面，经过稳定性分析找到一个相对最不利滑动面；塑性指数 I_P 是反映土中含砂量的一个指标，从各个钻孔的塑性指数可以找出含砂量较高且易透水的砂质黏土层，通过这些位置再做出一系列假定滑动面，经过稳定性分析找到一个相对最不利滑动面；最后再结合新老土层结合面及控制圆弧滑动面进行综合分析，找出最不利滑动面。工程实践证明了这种方法的可行性。

2. 滑动面确定依据及思路

根据现场踏勘调查、钻孔资料和人工挖孔资料，滑坡区主要现象及地层如下：

（1）线路左侧（滑坡后缘）出现了明显的弧状牵引裂缝，但是裂缝位置较分散，不好判断滑坡体的前缘位置，其中一条裂缝如图 2-11 所示。

（2）一坡段中部附近出现了多处鼓出现象，如图 2-12 所示，可能是剪出口位置，但由于鼓出现象分散且鼓出不明显，不好判断剪出口的具体位置。

图 2-11 牵引裂缝

图 2-12 剪出口鼓起

（3）一坡段上 1/3 处有似泉眼渗水的现象，每天水量约 200L。

（4）地质钻探结果表明，上部为素填土，然后是砂质黄土与黏质黄土互层的黄土质土，再下面是卵石土，最下面是泥岩。整个上部地层含水率较高，平均天然含水率为 25.3%，个别地层含水率接近液限值 30.3%。结合其他土工试验指标，判断该处路基土地基基本承载力仅为 125kPa。

（5）特别重要的现象是，地下水位在坡体中呈鼓起状态，说明很可能在路基下面某个位置有水源，水是滑坡产生的根本原因。

3. 最不利滑动面综合分析方法

通过上述分析可知，该滑坡体虽然已有一定的微量蠕动和变形，但是并未发生明显整体位移，尚没有足够的条件确定最不利滑动面的位置。目前分析判断滑动面有以下几种途径。

（1）依据“趋势性滑动面”作定性判断。对一些滑体、滑床的物性特点有较显著差异的滑坡，如堆积滑坡、大部分黄土滑坡和部分破碎岩石滑坡，“趋势性滑动面”分析均可获得良好效果。

（2）依据钻探过程中的一些现象粗略判断。滑坡钻探中的一些异常现象应引起足够重视，它们都有可能是滑动面位置，这些现象包括：钻进速度在某一部位突然变快、缩孔、塌孔、卡钻等。

（3）岩心鉴定。

（4）通过挖探寻找。

（5）深孔位移检测可直接测定正在活动的滑坡的滑动面位置。

上述方法中岩心鉴定是最可靠的依据，因此，本节根据岩心鉴定并辅助其他信息综合分析判断最不利滑动面的位置。

（1）根据含水率确定相对最不利滑动面。通过对滑坡区主要病害现象进行分析，认识到水是该滑坡形成的主要原因。除此处滑坡含水率很大外，护坡下部有泉水流出。根据对钻孔柱状图进行细致的描述鉴定，判断天然含水率[2]的变化规律，再结合牵引裂缝出现的位置、泉水出口位置和坡面鼓出位置等控制条件做出一系列假定滑动面，如图 2-13 所示。通过相对稳定性分析可以在这一系列假定滑动面中找出一个根据含水率分析的相对最不利滑动面。

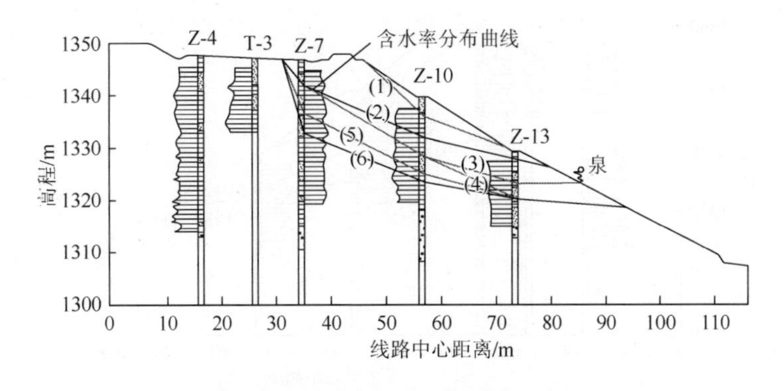

图 2-13　根据含水率确定滑动面

（2）根据液性指数确定相对最不利滑动面。寻找各钻孔中液性指数相对较大的位置，并结合牵引裂缝出现的位置、泉水出口位置和坡面鼓出位置等控制条件做出一系列假定滑动面，如图 2-14 所示。同样通过相对稳定性分析可以在这一系列假定滑动面中找出一个根据液性指数分析的相对最不利滑动面。

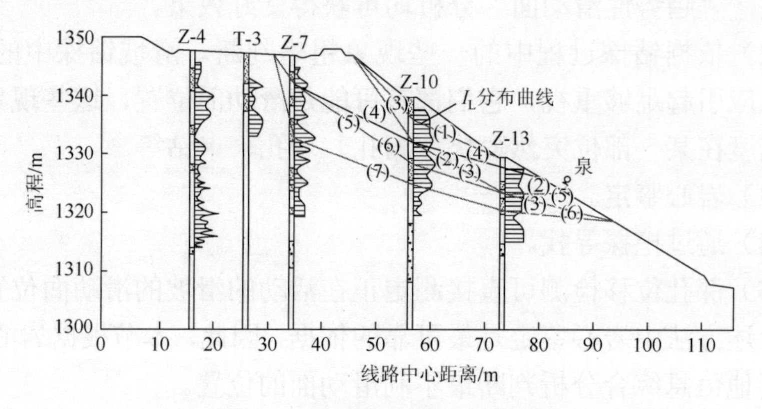

图 2-14　根据液性指数确定滑动面

（3）根据塑性指数确定相对最不利滑动面。寻找各钻孔中塑性指数较小的位置，并结合牵引裂缝出现的位置、泉水出口位置和坡面鼓出位置等控制条件做出一系列假定滑动面，如图 2-15 所示。通过相对稳定性分析可以在这一系列假定滑动面中找出一个根据塑性指数分析的相对最不利滑动面。

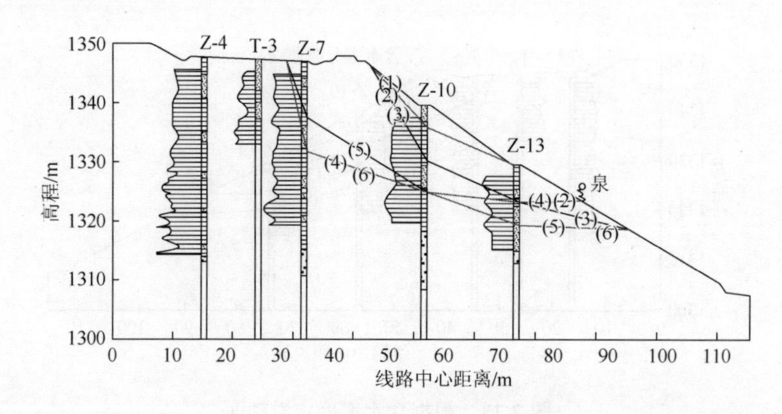

图 2-15　根据塑性指数确定滑动面

（4）通过新老土层结合面确定潜在滑动面。由于滑坡体位于原冲沟的填土层上，原冲沟填土与原来土层之间的结合面也是可能发生滑动的一个面。因此，新老土层结合面是必须考虑的一个潜在滑动面，如图 2-16 所示。

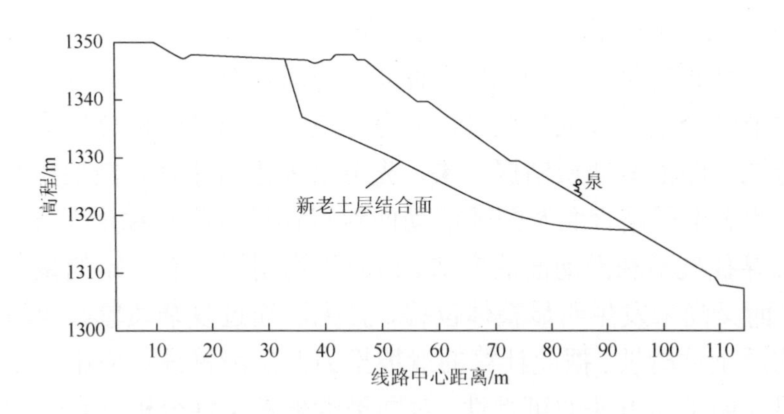

图 2-16 根据新老土层结合面确定的滑动面

（5）根据圆弧滑动面确定相对最不利滑动面。由于滑体基本处于黄土层中，滑体表面上已有一定的微量蠕动和变形，且含水率大、土质较松软，可能已经处于保持稳定的极限状态。对于这类土质相对均匀的坡体，考虑圆弧滑动面[2, 3]是非常必要的。分析中考虑以下两种情况：①当土的内摩擦角 $\varphi\neq0$ 时，费氏提出，临界圆弧通过坡脚。根据该滑坡的具体破坏形式，将滑弧终点分别定在出水点（泉眼）位置以及三级护坡中点附近坡体鼓出位置，搜索两种情况下的最不利滑动面；②将线路左侧的主裂缝点以及护坡中点鼓出位置作为控制点，搜索通过此两点的一系列圆弧滑动面中的最不利滑动面。

（6）最不利滑动面的确定。由于土工试验抗剪强度指标很难准确地反映整个滑体的真实情况，因此有必要进行相对稳定性分析以确定最不利滑动面。在进行相对稳定性分析时，滑动面的抗剪强度指标采用滑体内 c、φ 试验值的平均值，即 $c = 18.67\text{kPa}$，$\varphi = 19.8°$。滑体土的密度也取滑体内密度试验结果的平均值，天然密度 $\rho = 1.862\text{g/m}^3$。通过计算稳定系数：

$$F_s = \frac{\text{抗滑力}}{\text{下滑力}}$$

得到各个滑面的相对稳定性指标。采用七种方法所确定的滑动面系列均能计算出相应系列的相对稳定性指标，每一系列中相对稳定系数最小的则为该系列中的相对最不利滑动面。通过比较七种方法所确定的滑动面系列中的相对最不利滑动面，得到最终的最不利滑动面。

在坡体稳定性计算中，滑动面位置的选择对计算结果有着重要的影响。本节结合宝中线 K154+200 工程滑坡，介绍了一种分析最不利滑动面的方法，即根据地质钻探结果，先分别考虑含水率、液性指数、塑性指数、新老土层结合面及圆弧滑动面对滑体进行相对稳定性分析，再将其汇总寻找最不利滑动面的方法。该方法适用于已有一定的微量蠕动和变形，而又尚未发生明显整体位移，且无法通过复杂表象确定滑动面位置的均质土体滑坡。据此计算的滑坡推力及抗滑桩设计应用于工程实践的结果表明了该方法的可行性，对同类滑坡稳定性分析具有一定的参考价值。

2.3 宝中线大寨岭黄土高路堤滑坡整治研究

中国的黄土覆盖面积约 64 万 km^2，主要分布于黄河中下游的甘肃、宁夏、内蒙古、陕西、山西、河南和青海等省（自治区）[4, 5]。由于黄土具有大孔隙、湿陷性、力学强度较低等特点[2]，黄土地区的环境地质灾害，如水土流失、地基湿陷、崩塌、坍塌、滑坡等时常发生，严重制约着黄土地区的经济可持续发展。其中黄土滑坡更是因其具有频发性、广布性、复杂性、灾难性而威胁人民生命财产和水、电、交通等工农业设施安全，成为黄土地区一种典型的、至今仍不能有效根治的灾害现象。据 20 世纪 90 年代不完全统计，我国仅陕西省就已经发生黄土滑坡 1131 处，兰州地区 1300 余处，甘肃省东部 4576 处，且这一数字还将随着西部开发和社会经济的高速发展及自然环境的不断恶化而继续增加。随着社会经济的发展和环境地质条件的恶化，近年来我国滑坡地质灾害越来越严重，滑坡地质灾害引起了人们的广泛重视。统计资料显示，路基边坡病害是对路基整体稳定性影响最大的因素[6]。

本节介绍宝中铁路K154+200高路堤黄土滑坡整治综合技术。该滑坡高度达43m，属铁路高路堤填土滑坡。自宝中铁路运营以来，滑坡曾两次出现变形并采取整治措施，但均未彻底解决问题。2001年9月，大雨使该处高路堤再次蠕动。根据对病害现象及形成原因的分析，决定采取抗滑桩支挡、路基下及滑带土注浆加固和设置立体排水系统等综合治理方案。

1. 整治工程概况

根据2.1节的介绍，病害问题已经严重危害了铁路行车的安全，列车只能限速运行。由于两次整治均未彻底解决边坡的蠕动滑移问题，因此提出一种根治病害的方案在当时非常重要且迫在眉睫。在弄清楚性质和病因的基础上，针对主要原因提出了该工程滑坡的防治对策，对防治方案的合理性给出了论证，并对治理效果进行跟踪监测。

2. 滑坡稳定性综合分析方法

该滑坡病害坡面虽有微弱鼓出，但看不出有明显剪出口，没有形成明显的滑体，确定最不利滑动面的方法成为问题。针对这一工程实际问题，本节采用最不利滑动面综合分析方法，即先针对不同系列的滑动面进行相对稳定性分析，再将每个系列中的最不利滑动面进行比较，由此确定出该滑坡的最不利滑动面[7]。系列滑动面分别是：考虑含水率所做的一系列折线滑动面（连接滑坡轴线剖面不同钻孔中较大含水率位置），考虑液性指数所做的一系列折线滑动面（可能形成的一系列软弱面），考虑塑性指数所做的一系列折线滑动面（考虑含砂量高的易透水层）以及按控制点（如开裂位置、坡面鼓出位置、坡脚等）不同组合所做的若干系列圆弧滑动面。新老土层结合面的稳定性分析结果也要与各个系列滑动面的相对最不利滑动面分析结果进行比较，从而确定出滑坡的最不利滑动面[7]。

本书考虑不同因素采用不同方法分别研究了 7 个系列滑动面的相对稳定性，计算采用滑体和滑床中钻孔试验得到的土的抗剪强度参数平均值，其稳定系数结果汇总如表2-3所示。可以看出，圆弧滑动面的相对稳定性较差。其中相对稳定性最差的以鼓出下缘为坡脚的圆弧滑动面相对稳定系数为0.974，即是最不利滑动面。

表 2-3　各滑动面稳定系数汇总表

滑动面编号	滑动面确定依据		系列滑动面稳定系数						
1	折线滑动面	按液性指数	1.950	1.323	1.292	1.344	1.145	1.144	1.482
2		按塑性指数	1.949	1.379	1.334	1.853	1.169	1.550	—
3		按含水率	1.949	1.340	1.146	1.126	1.225	1.448	—
4	圆弧滑动面	以泉为坡脚	1.217	1.136	1.076	1.018	1.257	1.014	1.013
5		以鼓出下缘为坡脚	0.974	0.984	1.052	0.990	—	—	—
6		以主拉裂缝与坡中鼓出为控制点	1.053	1.113	1.032	1.035	1.037	—	—
7	新老土层结合面		1.223	—	—	—	—	—	—

3. 滑坡整治综合措施

滑坡整治措施中抗滑桩是较为普遍的一种，但抗滑桩沿滑坡轴线的设置位置往往受到各种条件的限制，可能造成设桩后通过桩顶的滑动面仍不能满足稳定性要求，即可能出现所谓的冒顶问题。试验计算表明，设置抗滑桩以后，六个不满足规范稳定系数最小值的滑动面在设桩以后均能满足规范[8]对稳定性的要求。只有一个滑动面，也就是可能冒顶的滑动面，其稳定系数为 1.089，仍不满足规范要求。

解决冒顶问题有很多方法，该工程选择了在路基下及冒顶滑面滑带土内注浆加固的方案，一是为了提高滑带土的抗剪强度，二是为了加固路基及其下部土体以增加土体的密实度。

由分析得知，水是该滑坡形成的主要原因，而且坡面泉眼有常年渗水现象，其工程施工期的试验排水孔有大量高路堤内地下水排出，方案中考虑了设置永久立体排水系统。

1）抗滑方案

抗滑桩桩位布置如图 2-17 所示，桩身置于两种以上不同的地层，抗滑桩设计与计算[9, 10]采用了 m 法和 k 法可灵活组合的刚性抗滑桩内力计算公式[11]。设计桩长 25m，桩中心间距 6m，截面 2.2m×3.2m，经计算桩侧应力满足要求。

抗滑方案稳定性计算[12, 13]在前面 7 个滑动面基础上又考虑了以一级平台和二级平台为坡脚的两个圆弧滑面，以验证设桩后是否存在冒顶问题。计算采用的抗剪强度指标为 $c=21.12\text{kPa}$，$\varphi=17.5°$（该指标结合考虑沉降变形的有限元反分析、实验室试验以及基于室内试验平均抗剪强度指标采用极限平衡法程序反算结果综合确定）。

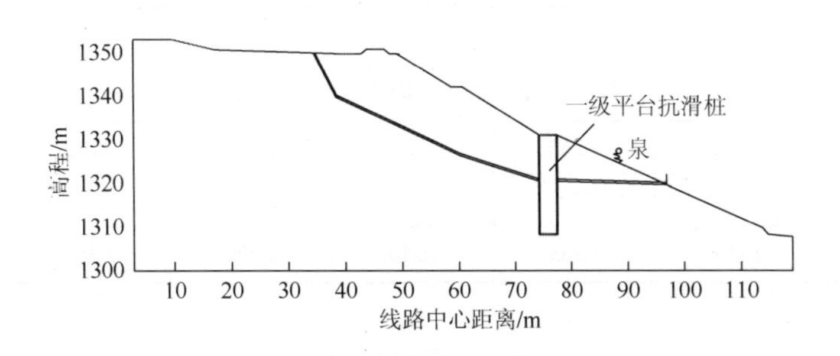

图 2-17 桩位布置图

通过分析，有 5 个滑动面稳定系数小于规范规定的 1.10～1.25。设桩后抗滑桩能使滑动面 1、4、5、6 稳定。只有桩上一圆弧滑动面的稳定系数为 1.089，说明设桩后滑坡仍有冒顶危险，需采取一定措施。调查发现，通过注浆可以明显改善土体的力学性质，达到挤密土体、提高土的抗剪强度指标的目的，本书对此进行了专门探讨并将研究结果应用于工程实际。

分别研究了 c 值提高对路基稳定性提高的作用、φ 值提高对路基稳定性提高的作用以及 c、φ 值同时提高对路基稳定性提高的作用，如表 2-4～表 2-6 所示。可以看出，滑动面稳定系数对 c、φ 值很敏感。例如，当 c 值提高 1kPa、同时 φ 值提高 1°时的稳定系数为 1.155。有资料显示，黏土中注入水泥水玻璃浆液，其抗剪强度参数至少可提高 10%～20%。因此，在考虑注浆因素之后，冒顶滑动面的稳定性将会得到保证。

表 2-4 c 值提高的计算结果

c/kPa	21.12	22.12	23.12	24.12	25.12	26.12	27.12	28.12
φ/(°)	17.5	17.5	17.5	17.5	17.5	17.5	17.5	17.5
稳定系数	1.091	1.114	1.138	1.161	1.184	1.208	1.231	1.254

表 2-5　φ 值提高的计算结果

c/kPa	21.12	21.12	21.12	21.12	21.12	21.12
φ/(°)	17.5	18.5	19.5	20.5	21.5	22.5
稳定系数	1.091	1.131	1.172	1.214	1.256	1.300

表 2-6　c、φ 值同时提高的计算结果

c/kPa	21.12	22.12	23.12	24.12	25.12	26.12
φ/(°)	17.5	18.5	19.5	20.5	21.5	22.5
稳定系数	1.091	1.155	1.219	1.285	1.351	1.419

在抗滑桩施工完成进而实施注浆施工时，平凉出现连绵阴雨天气，致使抗滑桩以下坡段整体下滑坍塌，如图 2-18 所示。此时必须对抗滑桩重新检算，如图 2-19 所示。抗滑桩顶到坍塌面的距离为 8m，此时考虑抗滑桩顶到不同滑动面的距离及坍塌面位置共有九种荷载组合需要分析。将滑坡推力计算安全系数由原来的 1.15 降至 1.08 时，9 种组合的最大弯矩为 49 450kN·m，而原设计最大抵抗弯矩为 49 800kN·m，认为当时桩的抵抗能力已接近极限。为了保证各项设计指标达到规范要求，特别是要保证在运营铁路线下注浆施工的安全，经研究增加了在桩下方修建支撑盲沟的方案（图 2-20）。

图 2-18　抗滑桩以下坡段整体下滑坍塌

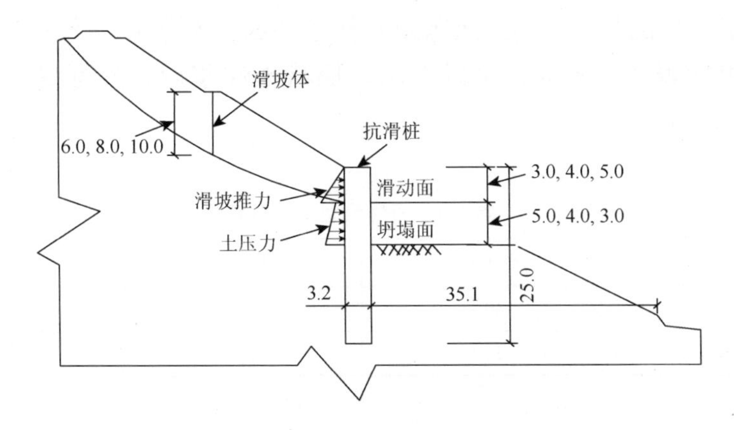

图 2-19 坍塌后抗滑桩检算图（单位：m）

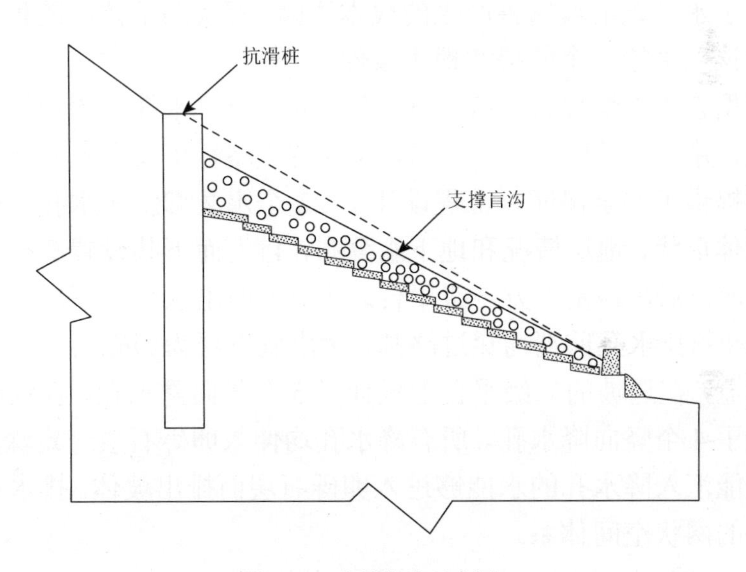

图 2-20 支撑盲沟示意图

2）注浆方案

注浆工程在我国近十年来得到了广泛应用。地基加固、深基坑支护、防水、地下洞室开挖超前预加固、边坡防护等都是注浆工程应用的重要领域，而在铁路既有线路基下注浆，特别是在滑带土中注浆以提高边坡稳定性的方案在我国目前尚未看到相关报道，工作具有创新性，也为课题组技术攻关提出了更高的要求。由于施工期不中断铁路运输，经济效益和社会效益显著。通过浆材比选[14]，决定采用水泥水玻璃浆液。为了研究注浆工程的加固效果，课题组安排了注浆工程现场原位剪切试验[15]，试验结果如表 2-7 所示。可以看出，原状土注浆后 c 值可提高 38.12%，φ 值可提高 40.91%。

表 2-7　原位剪切试验结果

抗剪强度参数	原状黄土	注浆后黄土	提高百分比/%
c/kPa	40.37	55.76	38.12
φ/(°)	22.12	31.17	40.91

3）排水方案

鉴于水是该滑坡病害产生的根本原因，解决路基体内的积水问题成为根治该病害的一个前提和根本条件。

根据含水率情况首先打了 12 个试验仰斜排水孔，探明了地下水出水情况，并预先排出部分地下水，为既有铁路行车安全及其他工程措施的实施提供了安全保证。工程设计了 22 个永久仰斜排水孔，分三层。针对坡体形状、地层情况和地下水分布，自上而下共设置三排仰斜排水孔，位置分别在路基下方一级平台之上、坡面出水处以下以及坡脚附近位置。仰斜排水孔前端均穿过路基。考虑到下层为卵砾石层且倾向边坡下的河流，在边坡的二级平台上设计了 5 个竖向降水孔，在铁路线另一侧设计了 4 个竖向降水孔。所有降水孔均伸入卵砾石层一定深度，使得所有可能汇入降水孔的水能够进入卵砾石层而排出坡体。排水系统是交错布置的网状空间体系。

4）小结

（1）宝中线大寨岭滑坡的形成主要与地质地层、地表地下水、列车荷载反复作用有关。地质地层条件对滑坡的形成起控制作用，是形成滑坡的物质基础，列车荷载反复作用是滑坡形成的重要条件。地下水对边坡内的岩土体长期进行侵蚀和软化，对滑面的形成起到重要的作用。大气降水，即地表水不仅沿地表下渗，加剧了地下水对边坡岩土体的软化作用，使其强度降低，而且地表水沿裂缝进入而形成静水压力，增大滑体下滑力，是滑坡形成的触发因素。

（2）现场直剪试验结果表明，当注浆量为 53.4L/m^3 时，注浆后土体的抗剪强度参数有较大幅度提高，其中黏聚力提高 38.12%，内摩擦角提高 40.91%，而工程实际注浆量为 176.4L/m^3。排除各种不利因素，注浆工程对土体抗剪强度参数的提高幅度按 30%考虑应该是可行的。

（3）现场动力触探试验结果表明，地基承载力可提高 46%，室内土工试验结果表明可提高 20%，两种试验结果均表明注浆对提高地基承载力具有显著效果。

（4）工程实施前后室内土工试验结果几个主要参数的比较表明，注浆后孔隙比减小了 17%，天然密度增加了 8%，压缩模量提高了 43%。

（5）依据滑坡成因实施的综合整治措施，通过各种试验和跟踪监测证明滑坡体已经处于稳定状态，病害整治效果良好。

2.3.1　m 法和 k 法可灵活组合的刚性抗滑桩计算公式

1. 概述

抗滑桩是一种靠桩周围土体对桩的嵌制作用来稳定土体，减小滑体推力并传递部分土推挤力的工程建筑物。

抗滑桩适用于浅层及中层滑坡的前缘，当采用重力式支挡建筑物时，工程量大，不经济，或施工开挖滑坡前缘时，易引起滑坡体剧烈滑动工点。抗滑桩对非塑性滑坡十分有效，特别在两种岩层间夹有薄层塑性滑层时，效果明显。抗滑桩对于塑性滑坡，效果较差，尤其对呈塑流状滑坡体，不宜使用。抗滑桩作为一种新型支挡结构，具有布设位置灵活、可单独使用或与其他支挡工程配合使用、施工简单等特点。因此，在治理工程及地质病害滑坡中得到广泛应用。

参照铁道部第一勘察设计院主编的《铁路工程设计技术手册——路基》和铁道部第二勘察设计院主编的《抗滑桩设计与计算》，抗滑桩的解析解可按其埋入地层中的深度分别按刚性桩或弹性桩计算。当其埋入滑动面以下的计算深度小于某一临界值时，则为刚性桩。目前的计算公式对于两层土多考虑上层土为 m 法而下层土为 k 法（考虑基岩）的情况，而在工程实际中抗滑桩也可能经过圆砾土、卵石层等松散土层，从而也应按 m 法考虑。抗滑桩经过多种土层的数值解法已经存在，但解析解对于工程中常见的两层土的情况仍然特别实用。因此，本节对 m

法和 k 法可灵活组合的刚性抗滑桩计算公式进行推导，供工程设计时参考。

2. 滑坡推力计算前提

将滑动方向和速度大体一致的滑体视为一个计算单元，在顺滑动主轴方向的地质纵断面上按滑面（带）的产状和岩土性质划分为若干铅直条块，由后向前计算各条块分界面上的剩余下滑力即是该部位的滑坡推力。基本假定如下：

（1）每一段滑体的下滑力方向与所在的条块的滑面（带）平行。

（2）横向按每米宽计算，两侧的摩擦阻力不计。

（3）视滑体为连续而无压缩的介质，由后向前传递下滑力作整体滑动，不计滑体内部局部应力作用。

（4）作用在任一分界面上的推力分布图形，当滑体上层和下层的滑动速度大体一致时，可假定为矩形；对于软塑体或塑流滑坡，底部滑速往往大于表层，其推力分布图形为三角形，介于上述两种情况之间者，推力分布图形可假定为梯形。

注意事项：

（1）各段滑面（带）的位置应有可靠的依据，每段滑床和滑体在最不利情况下能否形成新的滑面而需要另作计算。

（2）选取各段滑面（带）岩土的强度指标，应以切合实际的试验资料与反算结果互相核对后的数值为准，并应考虑到日后可能出现的含水条件与岩土性质的变化。滑坡的主滑段、抗滑段和被牵引段的滑带岩土强度指标一般是有区别的，起作用的是主滑段，其次为抗滑段。

（3）按滑坡性质与防治目的，计算上宜有不同的考虑。例如，对于牵引式的多级滑坡，若是临时应急工程，可只按前级滑坡的推力进行力学计算，而不计后级滑坡对它的影响，即只考虑恢复初次滑动时失去支撑的力即可；若是永久治理工程，则应充分估计到在工程使用年限内可能出现的各种不利因素的影响，查明有几级滑坡的推力能传递到前级滑坡并列入计算。对于推动式的多级滑坡，应查明滑床形态和产状及后级滑坡的前缘与前级滑坡的后缘连接地段的滑体岩土性质，以确定后级滑坡作用于前级滑坡的推力。

3. 计算滑坡体推力（下滑力）

在进行推力计算时，将滑坡体沿主轴方向取单宽土条（1m 宽）进行受力分析。根据滑坡体的地质剖面图，从滑坡体的后沿起，沿着主轴方向，把滑动土体分成若干条块，然后分别计算出每个条块的土体重量、滑面长度、滑面与水平面的交角等，从最上面的第一条块开始计算其下滑力 F_1，计算第二条块下滑力 F_2 时是将第一条块推力 F_1 作为外力，这样自上而下依次进行计算，直至最下面的那个条块，即传递系数法。

当滑体条块上有特殊作用力（本设计中考虑列车和轨道荷载及地震力）时，应分别加入下滑力和抗滑力进行计算。若所计算某条块的剩余下滑力是负值，则说明自该条块以上的滑体是稳定的，并考虑其对下一条块的推力为零。

将列车和轨道荷载按《铁路路基设计规范》（TB 10001—2016）32 页附录 A 规定换算后的列车和轨道荷载大小是 202.3kN/m。

该病害地区抗震设防烈度为 8 度，据《铁路工程抗震设计规范》（GB 50111—2006）第 6.1.3 条可知，作用于各土条质心处的水平地震力应按式（2-2）计算：

$$F_{\mathrm{ihE}}=\eta A_{\mathrm{g}}m_i \tag{2-2}$$

式中，F_{ihE} 为水平地震力，kN；η 为水平地震作用修正系数，应取 0.25；A_{g} 为地震动峰值加速度，应按《铁路工程抗震设计规范》表 3.0.2 采用，取为 0.2g；m_i 为第 i 条土块的质量，t。

4. 刚性桩内力计算公式

桩身置于两种不同的地层，桩底按自由端计算，桩变位时的旋转中心据地质情况不同可在第一土层或在第二土层中。

1）旋转中心位于第一土层（图 2-21）

（1）当 $0\leqslant y<y_0$ 时，变位：

$$\Delta x=(y_0-y)\Delta\varphi \tag{2-3}$$

式中，Δx 为滑动面以下 y 处桩的位移；y_0 为滑动面至桩旋转中心的距离；y 为滑动面至计算点的距离；$\Delta\varphi$ 为桩的刚性转角。

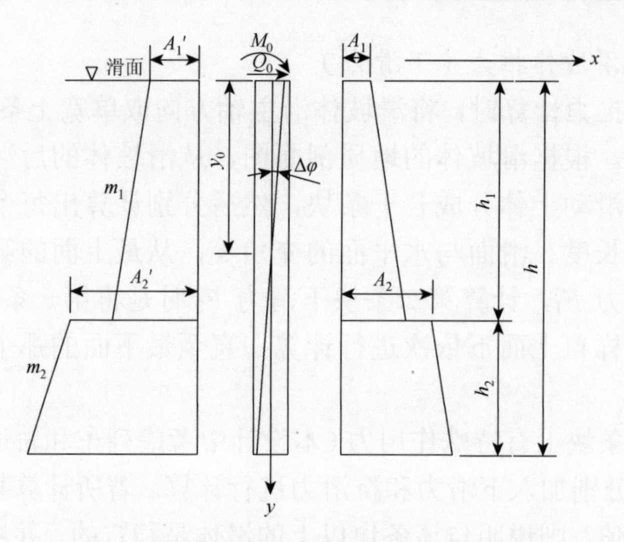

图 2-21　置于两种地层中的刚性桩（旋转中心在第一层滑床土中）

侧应力：

$$\sigma_y = (y_0 - y)(A_1 + m_1 y)\Delta\varphi \tag{2-4}$$

式中，σ_y 为滑动面以下 y 处桩截面的侧应力；A_1 为桩前滑动面处的地基系数；m_1 为第一层滑床土的地基系数随深度变化的比例系数。

剪力：

$$Q_y = Q_0 - \frac{1}{2}A_1 B_{\mathrm{P}}\Delta\varphi y(2y_0 - y) - \frac{1}{6}B_{\mathrm{P}} m_1 \Delta\varphi y^2(3y_0 - 2y) \tag{2-5}$$

式中，Q_y 为滑动面以下 y 处桩截面的剪力；Q_0 为滑动面处桩截面的剪力；B_{P} 为桩的计算宽度。

弯矩：

$$M_y = M_0 + Q_0 y - \frac{1}{6}A_1 B_{\mathrm{P}}\Delta\varphi y^2(3y_0 - y) - \frac{1}{12}B_{\mathrm{P}} m_1 \Delta\varphi y^3(2y_0 - y) \tag{2-6}$$

式中，M_y 为滑动面以下 y 处桩截面的弯矩；M_0 为滑面处桩截面的弯矩。

（2）当 $y_0 \leqslant y < h_1$ 时，变位：

$$\Delta x = (y_0 - y)\Delta\varphi \tag{2-7}$$

侧应力：

$$\sigma_y = (y_0 - y)(A_1' + m_1 y)\Delta\varphi \tag{2-8}$$

式中，A_1'为桩后滑动面处的地基系数。

剪力：

$$Q_y = Q_0 - \frac{1}{2}A_1 B_P \Delta\varphi y_0^2 - \frac{1}{6}B_P m_1 \Delta\varphi y^2(3y_0 - 2y) + \frac{1}{2}A_1 B_P \Delta\varphi (y - y_0)^2 \tag{2-9}$$

弯矩：

$$\begin{aligned} M_y = {} & M_0 + Q_0 y - \frac{1}{6}A_1 B_P \Delta\varphi y_0^2 (3y_0 - y) - \frac{1}{6}A_1' B_P \Delta\varphi (y_0 - y)^3 \\ & - \frac{1}{12}B_P m_1 \Delta\varphi y^3 (2y_0 - y) \end{aligned} \tag{2-10}$$

（3）当$h_1 \leqslant y \leqslant h$时，变位：

$$\Delta x = (y_0 - y)\Delta\varphi \tag{2-11}$$

侧应力：

$$\sigma_y = (y_0 - y)[A_2' + m_2(y - h_1)]\Delta\varphi \tag{2-12}$$

式中，A_2'为桩后两层滑床土交界面处第二层滑床土的地基系数；m_2为第二层滑床土的地基系数随深度变化的比例系数；h_1为第一层滑床土的厚度。

剪力：

$$Q_y = Q_{h1} - \frac{1}{6}B_P \Delta\varphi (y - h_1)[3A_2'(2y_0 - h_1 - y) + m_2(h_1^2 - 3h_1 y_0 + h_1 y + 3y_0 y - 2y^2)] \tag{2-13}$$

其中

$$Q_{h1} = Q_0 - \frac{1}{6}B_P m_1 \Delta\varphi h_1^2 (3y_0 - 2h_1) - \frac{1}{2}A_1 B_P \Delta\varphi y_0^2 + \frac{1}{2}A_1' B_P \Delta\varphi (h_1 - y_0)^2$$

为两层滑床土交界面处桩截面的剪力。

弯矩：

$$\begin{aligned} M_y = {} & M_{h1} + Q_{h1}(y - h_1) - \frac{1}{12}B_P \Delta\varphi (y - h_1)[2A_2'(2h_1^2 - 3h_1 y_0 - h_1 y + 3y_0 y - y^2) \\ & + m_2(-h_1^3 + 2h_1^2 y_0 + h_1^2 y - 4h_1 y_0 y + h_1 y^2 + 2y_0 y^2 - y^3)] \end{aligned} \tag{2-14}$$

其中

$$M_{h1}=M_0+Q_0h_1-\frac{1}{6}A_1B_P\Delta\varphi y_0^2(3h_1-y_0)-\frac{1}{6}A_1'B_P\Delta\varphi(y_0-h_1)^3$$
$$-\frac{1}{12}B_Pm_1\Delta\varphi h_1^3(2y_0-h_1)$$

为两层滑床土交界面处桩截面的弯矩。

引入桩底边界条件：

由$Q_h=0$可得

$$Q_0-\frac{1}{6}B_Pm_1\Delta\varphi h_1^2(3y_0-2h_1)-\frac{1}{2}A_1B_P\Delta\varphi y_0^2+\frac{1}{2}A_1'B_P\Delta\varphi(h_1-y_0)^2$$
$$-\frac{1}{6}B_P\Delta\varphi h_2[3A_2'(2y_0-h_1-h)+m_2(h_1^2+h_1h-2h^2+3h_2y_0)]=0 \tag{2-15}$$

式中，Q_h为桩底截面的剪力；h为桩锚固段长度；h_2为桩伸入第二层滑床土的长度。

整理可得

$$\Delta\varphi=Q_0\Big/\Big\{\frac{1}{6}B_Pm_1h_1^2(3y_0-2h_1)+\frac{1}{2}A_1B_Py_0^2-\frac{1}{2}A_1'B_P(h_1-y_0)^2$$
$$+\frac{1}{6}B_Ph_2[3A_2'(2y_0-h-h_1)+m_2(h_1^2+h_1h-2h^2+3h_2y_0)]\Big\} \tag{2-16}$$

由$M_h=0$可得

$$M_0+Q_0h_1-\frac{1}{6}A_1B_P\Delta\varphi y_0^2(3h_1-y_0)-\frac{1}{6}A_1'B_P\Delta\varphi(y_0-h_1)^3-\frac{1}{12}B_Pm_1\Delta\varphi h_1^3(2y_0-h_1)$$
$$+\frac{1}{6}h_2[6Q_0-B_Pm_1\Delta\varphi h_1^2(3y_0-2h_1)-3A_1B_P\Delta\varphi y_0^2+3A_1'B_P\Delta\varphi(h_1-y_0)^2]$$
$$-\frac{1}{12}B_P\Delta\varphi h_2[2A_2'(2h_1^2-h_1h-h^2+3h_2y_0)+m_2(-h_1^3+h_1^2h$$
$$+h_1h^2-h^3+2h^2y_0-4h_1hy_0)]=0 \tag{2-17}$$

式中，M_h为桩底截面的弯矩。

将式（2-16）代入式（2-17），整理可得

$$Ay_0^3+By_0^2+Cy_0+D=0 \tag{2-18}$$

式中

$$A=2Q_0(A_1-A_1')$$
$$B=6M_0(A_1-A_1')$$
$$C=6(M_0+Q_0h)(m_1h_1^2+2A_1'h_1+2A_2'h_2+m_2h_2^2)-(6A_1Q_0h_1^2+2m_1Q_0h_1^3$$
$$+6m_1Q_0h_1^2h_2+12A_1'Q_0h_1h_2+6A_2'Q_0h_2^2+2m_2Q_0h_2^3)$$
$$D=2(M_0+Q_0h)(-2m_1h_1^3-3A_1'h_1^2-3A_2'h_2h-3A_2'h_1h_2-2m_2h_2h^2$$
$$+m_2h_1h_2h+m_2h_2h_1^2)+2A_1'Q_0h_1^3+m_1Q_0h_1^4+4m_1Q_0h_2h_1^3+6A_1'Q_0h_2h_1^2$$
$$+2A_2'Q_0h_2h^2+2A_2'Q_0h_1h_2h-4A_2'Q_0h_2h_1^2+m_2Q_0h_2h^3-m_2Q_0h_1h_2h^2$$
$$-m_2Q_0h_1^2h_2h+m_2Q_0h_1^3h_2$$

其中，y_0可用牛顿迭代法解得，代入式（2-16）可求得$\Delta\varphi$。

2）旋转中心位于第二土层（图 2-22）

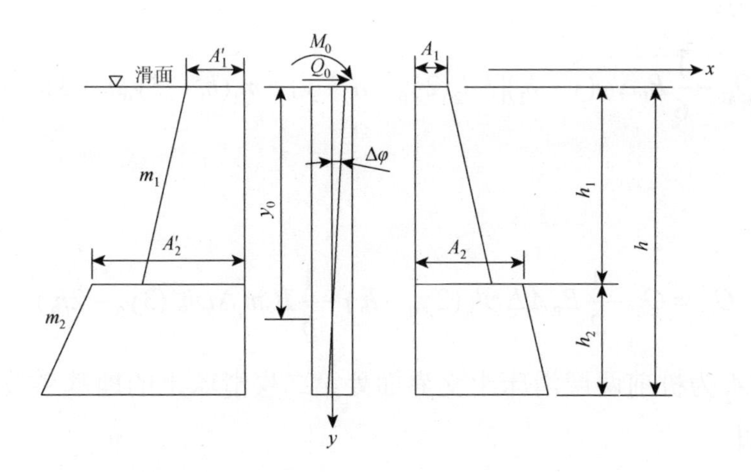

图 2-22 置于两种地层中的刚性桩（旋转中心在第二层滑床土中）

（1）当$0\leqslant y<h_1$时，变位：

$$\Delta x=(y_0-y)\Delta\varphi \tag{2-19}$$

侧应力：

$$\sigma_y=(y_0-y)(A_1+m_1y)\Delta\varphi \tag{2-20}$$

剪力：

$$Q_y=Q_0-\frac{1}{2}A_1B_{\mathrm{P}}\Delta\varphi y(2y_0-y)-\frac{1}{6}B_{\mathrm{P}}m_1\Delta\varphi y^2(3y_0-2y) \tag{2-21}$$

弯矩：

$$M_y=M_0+Q_0y-\frac{1}{6}A_1B_{\mathrm{P}}\Delta\varphi y^2(3y_0-y)-\frac{1}{12}B_{\mathrm{P}}m_1\Delta\varphi y^3(2y_0-y) \tag{2-22}$$

（2）当$h_1\leqslant y<y_0$时，变位：

$$\Delta x=(y_0-y)\Delta\varphi \tag{2-23}$$

侧应力：

$$\sigma_y=(y_0-y)[A_2+m_2(y-h_1)]\Delta\varphi \tag{2-24}$$

剪力：

$$Q_y=Q_{h1}-\frac{1}{6}B_{\mathrm{P}}\Delta\varphi(y-h_1)[3A_2(2y_0-h_1-y)+m_2(h_1^2-3y_0h_1+3y_0y-2y^2)] \tag{2-25}$$

式中

$$Q_{h1}=Q_0-\frac{1}{2}B_{\mathrm{P}}A_1\Delta\varphi h_1(2y_0-h_1)-\frac{1}{6}B_{\mathrm{P}}m_1\Delta\varphi h_1^2(3y_0-2h_1) \tag{2-26}$$

其中，A_2为桩前两层滑床土交界面处第二层滑床土的地基系数。

弯矩：

$$\begin{aligned}M_y=&M_{h1}+Q_{h1}(y-h_1)-\frac{1}{12}B_{\mathrm{P}}\Delta\varphi(y-h_1)[2A_2(2h_1^2-3h_1y_0-h_1y+3y_0y-y^2)\\&+m_2(-h_1^3+2h_1^2y_0+h_1^2y-4h_1y_0y+h_1y^2+2y_0y^2-y^3)]\end{aligned} \tag{2-27}$$

其中

$$M_{h1}=M_0+Q_0h_1-\frac{1}{6}A_1B_P\Delta\varphi h_1^2(3y_0-h_1)-\frac{1}{12}B_Pm_1\Delta\varphi h_1^3(2y_0-h_1) \tag{2-28}$$

（3）当 $y_0\leqslant y\leqslant h$ 时，变位：

$$\Delta x=(y_0-y)\Delta\varphi \tag{2-29}$$

侧应力：

$$\sigma_y=(y_0-y)[A_2'+m_2(y-h_1)]\Delta\varphi \tag{2-30}$$

剪力：

$$Q_y=Q_{y0}-\frac{1}{6}B_P\Delta\varphi(y-y_0)[3A_2'(y_0-y)+m_2(-3h_1y_0+y_0^2+3h_1y+y_0y-2y^2)] \tag{2-31}$$

其中

$$Q_{y0}=Q_{h1}-\frac{1}{6}B_P\Delta\varphi(y_0-h_1)^2[3A_2+m_2(y_0-h_1)] \tag{2-32}$$

为旋转中心处桩截面的剪力。

弯矩：

$$\begin{aligned}M_y=&M_{y0}+Q_{y0}(y-y_0)-\frac{1}{12}B_P\Delta\varphi(y-y_0)[-2A_2'(y-y_0)^2\\&+m_2(2h_1y_0^2-y_0^3-4y_0h_1y+y_0^2y+2h_1y^2+y_0y^2-y^3)]\end{aligned} \tag{2-33}$$

其中

$$\begin{aligned}M_{y0}=&M_{h1}+Q_{h1}(y_0-h_1)-\frac{1}{12}B_P\Delta\varphi(y_0-h_1)[4A_2(y_0-h_1)^2\\&+m_2(-h_1^3+3h_1^2y_0-3h_1y_0^2+y_0^3)]\end{aligned} \tag{2-34}$$

为旋转中心处桩截面的弯矩。

引入桩底边界条件：

由$Q_h=0$可得

$$Q_0-\frac{1}{2}A_1B_P\Delta\varphi h_1(2y_0-h_1)-\frac{1}{6}B_Pm_1\Delta\varphi h_1^2(3y_0-2h_1)$$
$$-\frac{1}{6}B_P\Delta\varphi(y_0-h_1)^2[3A_2+m_2(y_0-h_1)]-\frac{1}{6}B_P\Delta\varphi(h-y_0)[3A_2'(y_0-h)$$
$$+m_2(y_0h+y_0^2-3y_0h_1-2h^2+3h_1h)]=0$$

（2-35）

整理可得

$$\Delta\varphi=Q_0\Big/\left\{\frac{1}{2}A_1B_Ph_1(2y_0-h_1)+\frac{1}{6}B_Pm_1h_1^2(3y_0-2h_1)+\frac{1}{6}B_P(y_0-h_1)^2[3A_2+m_2(y_0-h_1)]\right.$$
$$\left.+\frac{1}{6}B_P(h-y_0)[3A_2'(y_0-h)+m_2(y_0h+y_0^2-3y_0h_1-2h^2+3h_1h)]\right\}$$

（2-36）

由$M_h=0$可得

$$M_0+Q_0h_1-\frac{1}{6}A_1B_P\Delta\varphi h_1^2(3y_0-h_1)-\frac{1}{12}B_Pm_1\Delta\varphi h_1^3(2y_0-h_1)+(y_0-h_1)$$
$$\times\left[Q_0-\frac{1}{2}A_1B_P\Delta\varphi h_1(2y_0-h_1)-\frac{1}{6}B_Pm_1\Delta\varphi h_1^2(3y_0-2h_1)\right]$$
$$-\frac{1}{12}B_P\Delta\phi(y_0-h_1)[4A_2(y_0-h_1)^2+m_2(y_0^3-3h_1y_0^2+3h_1^2y_0-h_1^3]+(h-y_0)$$
$$\times\left\{Q_0-\frac{1}{2}A_1B_P\Delta\varphi h_1(2y_0-h_1)-\frac{1}{6}B_Pm_1\Delta\varphi h_1^2(3y_0-2h_1)-\frac{1}{6}B_P\Delta\varphi(y_0-h_1)^2\right.$$
$$\left.\times[3A_2+m_2(y_0-h_1)]\right\}+\frac{1}{12}B_P\Delta\varphi(h-y_0)[2A_2'(h-y_0)^2-m_2(y_0h^2+hy_0^2-y_0^3$$
$$-h^3-4y_0h_1h+2h_1y_0^2+2h_1h^2)]=0$$

（2-37）

将式（2-36）代入式（2-37），整理可得

$$Ay_0^3+By_0^2+C_{y0}+D=0$$

式中

$$A = 2Q_0(A_2 - A_2')$$
$$B = 6M_0(A_2 - A_2')$$
$$\begin{aligned}C = {} & 6(M_0 + Q_0 h)(2A_1 h_1 + m_1 h_1^2 - 2A_2 h_1 + m_2 h_1^2 + 2A_2' h + m_2 h^2 - 2m_2 h_1 h) + 6A_1 Q_0 h_1^2 \\ & + 4m_1 Q_0 h_1^3 - 6A_2 Q_0 h_1^2 + 2m_2 Q_0 h_1^3 - 12A_1 Q_0 h_1 h - 6m_1 Q_0 h_1^2 h + 12A_2 Q_0 h_1 h \\ & - 6m_2 Q_0 h_1^2 h - 6A_2' Q_0 h^2 + 6m_2 Q_0 h^2 - 2m_2 Q_0 h^3\end{aligned}$$
$$\begin{aligned}D = {} & 2(M_0 + Q_0 h)(-3A_1 h_1^2 - 2m_1 h_1^3 + 3A_2 h_1^2 - m_2 h_1^3 - 3A_2' h^2 - 2m_2 h^3 + 3m_2 h_1 h^2) \\ & - 4A_1 Q_0 h_1^3 - 3m_1 Q_0 h_1^4 + 4A_2 Q_0 h_1^3 - m_2 Q_0 h_1^4 + 6A_1 Q_0 h_1^2 h + 4m_1 Q_0 h_1^3 h - 6A_2 Q_0 h h_1^2 \\ & + 2m_2 Q_0 h_1^3 + 2A_2' Q_0 h^3 + m_2 Q_0 h^4 - 2m_2 Q_0 h_1 h^3\end{aligned}$$

y_0 可用牛顿迭代法解得，代入式（2-36）可求得 $\Delta\varphi$。

2.3.2 有限元法在预应力锚索桩设计计算中的应用

1. 概述

预应力锚索桩在我国应用始于 20 世纪 80 年代中期，首先应用于滑坡整治。由于在传统悬臂抗滑桩的顶部增加预应力锚索改善了以往抗滑桩的被动受力状态，减小了截面尺寸及锚固段长度，减少了工程量，从而也降低了工程造价。因此，十多年来获得了广泛应用。

预应力锚索抗滑桩结构如图 2-23 所示，它由柔性桩、预应力锚索、外锚具和锚索锚固装置组成。

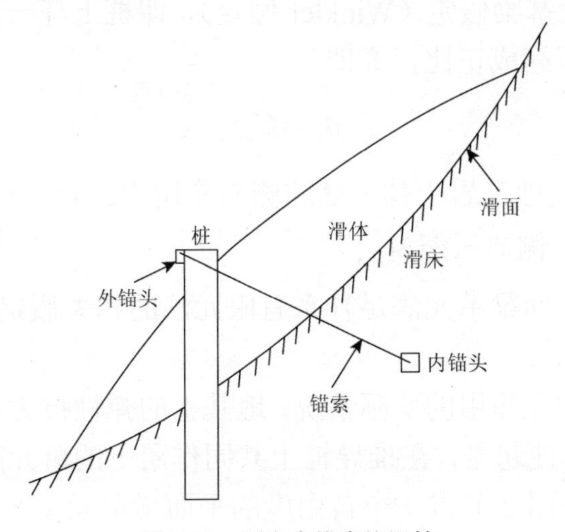

图 2-23 预应力锚索抗滑桩

目前关于预应力锚索抗滑桩的设计计算还不成熟，现有的方法是避开问题的复杂性，将预应力锚索桩的受力图示简化为滑面以上按一般的静力学计算、滑面以下按传统抗滑桩的方法来计算[16]。该方法未考虑锚索受力后出现的弹性伸长，也未考虑变形协调，与实际受力不符，特别是桩土相互作用是一个力与位移相互耦合的问题。然而，采用有限元法来模拟分析，不但可以计入桩的位移与锚索弹性伸长量之间的变形协调，而且在建立单元平衡时考虑了桩土相互作用。另外，预应力锚索抗滑桩在实际工作中所承受的荷载是不断变化的，特别是滑坡推力是逐步施加的，其内力从开始到稳定是一个渐变过程。因此，本节考虑两种极端情况：第一种情况是在滑坡推力未产生时（空载），桩所承受的外力有锚固力、桩前滑动以上土体的主动土压力、桩后滑动面上下土体的弹性抗力；第二种情况是滑坡推力全部施加在抗滑桩上（满载），桩所承受的外力有滑坡推力、锚固力、桩前滑体的剩余抗滑力（或被动土压力）、滑面下锚固段土体的弹性抗力[17]。

2. 基本假定及理论推导

1）基本假定条件

（1）锚索桩所承受的滑坡推力按“中-中”的滑体推力进行计算，推力分布可为三角形、矩形或梯形分布。

（2）不计桩与周围岩土的摩擦力、桩身自重和桩底反力等作用。

（3）弹性地基梁假定（Winkler 假定），即桩上任一点所受的压力与土体在该点的压缩成正比，亦即

$$q_y = C_y x_y \tag{2-38}$$

式中，q_y 为桩至地基岩土体 y 处的侧向作用力；C_y 为土体的侧向地基系数；x_y 为土体侧向压缩量。

（4）所用平面梁单元满足杆系有限元法的相关假定[3]。

2）理论推导

根据桩土相互作用的实际情况，地基土的弹性抗力对桩的轴力计算无影响，表示方便起见，在推导桩土共同作用下的单元刚度矩阵时不计轴力，抗滑桩采用 2 节点 4 个自由度的平面梁单元（不计轴力）来模拟（图 2-24）。

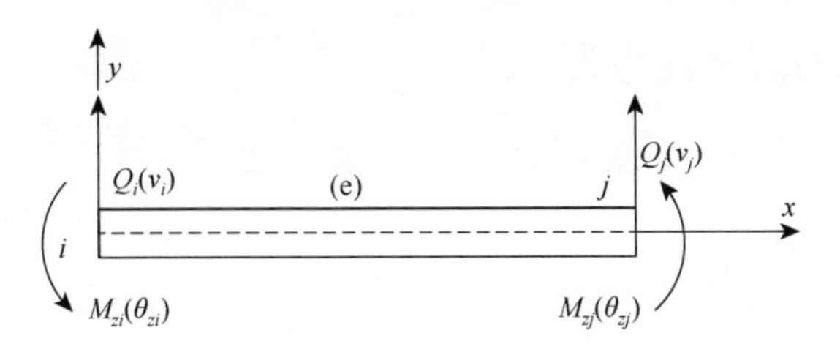

图 2-24　平面梁单元

关于平面梁单元刚度矩阵的相关推导可参见文献[18]，其单元平衡方程为

$$\boldsymbol{F}^{\mathrm{e}}=\boldsymbol{K}^{\mathrm{e}}\cdot\boldsymbol{\delta}^{\mathrm{e}} \tag{2-39}$$

式中，$\boldsymbol{F}^{\mathrm{e}}$为单元 e 的节点力列阵

$$\boldsymbol{F}^{\mathrm{e}}=[Q_i^{\mathrm{e}}\quad M_{zi}^{\mathrm{e}}\quad Q_j^{\mathrm{e}}\quad M_{zj}^{\mathrm{e}}]^{\mathrm{T}}$$

$\boldsymbol{K}^{\mathrm{e}}$为单元e的单元刚度矩阵

$$\boldsymbol{K}^{\mathrm{e}}=\begin{bmatrix}\dfrac{12EI_z}{l^3} & \dfrac{6EI_z}{l^2} & \dfrac{-12EI_z}{l^3} & \dfrac{6EI_z}{l^2}\\ \dfrac{6EI_z}{l^2} & \dfrac{4EI_z}{l} & \dfrac{-6EI_z}{l^2} & \dfrac{2EI_z}{l}\\ \dfrac{-12EI_z}{l^3} & \dfrac{-6EI_z}{l^2} & \dfrac{12EI_z}{l^3} & \dfrac{-6EI_z}{l^2}\\ \dfrac{6EI_z}{l^2} & \dfrac{2EI_z}{l} & \dfrac{-6EI_z}{l^2} & \dfrac{4EI_z}{l}\end{bmatrix}$$

$\boldsymbol{\delta}^{\mathrm{e}}$为单元e的节点位移列阵

$$\boldsymbol{\delta}^{\mathrm{e}}=[v_i^{\mathrm{e}}\quad \theta_{zi}^{\mathrm{e}}\quad v_j^{\mathrm{e}}\quad \theta_{zj}^{\mathrm{e}}]^{\mathrm{T}}$$

地基土的抗力以等效节点荷载（图 2-25）来处理，具体计算方法如下。

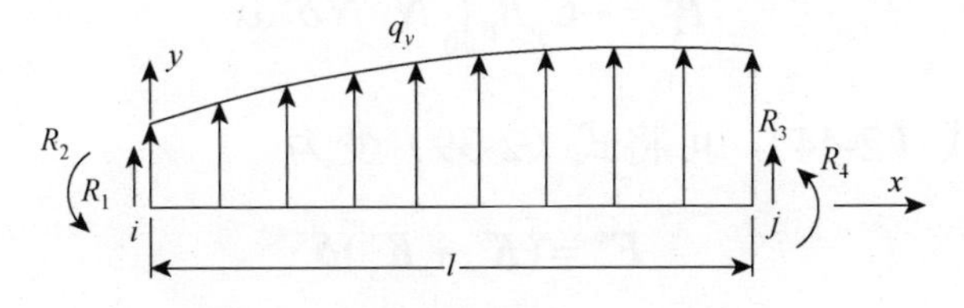

图 2-25　平面梁单元的等效节点荷载图

此平面梁单元的固端反力为

$$\boldsymbol{R}=[R_1 \quad R_2 \quad R_3 \quad R_4]^{\mathrm{T}} \tag{2-40}$$

式中，$R_i=\int_0^l -\varphi_i q_y \mathrm{d}x$。

式（2-40）可改写为

$$\boldsymbol{R}=\int_0^l -\boldsymbol{N}^{\mathrm{T}} q_y \mathrm{d}x \tag{2-41}$$

式中，$\boldsymbol{N}=[\varphi_1 \quad \varphi_2 \quad \varphi_3 \quad \varphi_4]$，为单元位移分布模式的形函数矩阵。

$$\begin{cases}\varphi_1=1-3\xi^2+2\xi^3\\ \varphi_2=l(\xi-2\xi^2+\xi^3)\\ \varphi_3=3\xi^2-2\xi^3\\ \varphi_4=l(-\xi^2+\xi^3)\end{cases}$$

其中，$\xi=\dfrac{x}{l}$。

将上面的固端反力反号后，就得到与地基土对应的等效节点荷载：

$$\boldsymbol{P}_{\mathrm{s}}^{\mathrm{e}}=-\boldsymbol{R}=\int_0^l \boldsymbol{N}^{\mathrm{T}} q_y \mathrm{d}x \tag{2-42}$$

根据 Winkler 假定，有

$$q_y=-C_y B_{\mathrm{P}} \boldsymbol{N}\boldsymbol{\delta}^{\mathrm{e}} \tag{2-43}$$

式中，B_{P}为桩的计算宽度。

将式（2-43）代入式（2-42），整理可得

$$\boldsymbol{P}_{\mathrm{s}}^{\mathrm{e}}=-C_y B_{\mathrm{P}}\int_0^l \boldsymbol{N}^{\mathrm{T}}\boldsymbol{N}\boldsymbol{\delta}^{\mathrm{e}}\mathrm{d}x \tag{2-44}$$

考虑到式（2-44），可将式（2-39）变为

$$\boldsymbol{F}^{\mathrm{e}}=(\boldsymbol{K}^{\mathrm{e}}+\boldsymbol{K}_{\mathrm{s}}^{\mathrm{e}})\boldsymbol{\delta}^{\mathrm{e}} \tag{2-45}$$

其中

$$\boldsymbol{K}_{\mathrm{s}}^{\mathrm{e}}=C_{y}B_{\mathrm{P}}\int_{0}^{l}\boldsymbol{N}^{\mathrm{T}}\boldsymbol{N}\mathrm{d}x$$

$$=C_{y}B_{\mathrm{P}}\begin{bmatrix}k_{11} & k_{12} & k_{13} & k_{14}\\ k_{21} & k_{22} & k_{23} & k_{24}\\ k_{31} & k_{32} & k_{33} & k_{34}\\ k_{41} & k_{42} & k_{43} & k_{44}\end{bmatrix}$$

式中

$$k_{11}=0.37142857l,\quad k_{12}=k_{21}=0.05238095l^{2}$$

$$k_{13}=k_{31}=0.12857143l,\quad k_{14}=k_{41}=-0.03095238l^{2}$$

$$k_{22}=0.00952381l^{3},\quad k_{23}=k_{32}=0.03095238l^{2}$$

$$k_{24}=k_{42}=-0.00714286l^{3},\quad k_{33}=0.37142857l$$

$$k_{34}=k_{43}=-0.05238095l^{2},\quad k_{44}=0.00952381l^{3}$$

预应力锚索可通过平面铰接杆单元来模拟，其单元刚度矩阵参见文献[18]。最后通过有限元计算，可以得到桩身任意一点的位移、转角、剪力及弯矩。

3. 小结

（1）可采用有限元法对预应力锚索桩进行设计分析，能计算出多种荷载组合下桩的内力及位移，也能计算出相应荷载组合下锚索的内力。

（2）有限元法在建立单元刚度矩阵时考虑了桩土之间的相互作用，较好地反映了桩与锚索的受力状态。

（3）与其他方法相比，有限元法便于编程，而且计算精度较高、速度快。

2.3.3　三种典型水玻璃浆液在黄土中的凝胶特征

1. 概述

碱性溶液型水玻璃浆液作为水玻璃类注浆材料的重要组成部分，是最基本的注浆材料之一，已有几百年历史。其优点是价格便宜、品种繁多、凝胶时间可控、对环境污染小。

碱性溶液型水玻璃浆液是以碱性水玻璃溶液为主剂，另外添加凝胶剂（固化剂）的浆液，凝胶剂有无机和有机两类。无机凝胶剂种类很多，有些无机凝胶剂如氯化钙、磷酸等，与主剂瞬间发生反应，故需采用双液注浆法，其注浆效果受操作技术影响较大[19]。而另一些无机凝胶剂如铝酸钠、碳酸氢钠等，与主剂反应速度较慢，浆液凝胶时间长，可与水玻璃预先混合进行单液注浆，但其凝胶强度一般比双液注浆法低。为克服单液注浆法的这一缺点，近年来用有机物作为凝胶剂的研究和运用得到了迅速发展。

随着西部大开发的实施，黄土地区基础设施建设中的注浆工程也越来越多。本节对两种典型的碱性无机凝胶剂水玻璃浆液和有机凝胶剂水玻璃浆液的凝胶特性进行试验比较，同时对常用的水泥水玻璃浆液在饱和土中的硬化特性进行试验，得到一些新的认识，现总结如下供注浆工程设计施工人员讨论和参考。

2. 水玻璃氯化钙浆液

1）试验材料

试验用浆液以碱性水玻璃溶液为主剂，市售水玻璃主要技术指标测定[20]结果如表 2-8 所示。无机凝胶剂选用氯化钙，分析纯级。

表 2-8　水玻璃测定指标

浓度/(°Be′)	相对密度	Na_2O 含量/%	SiO_2 含量/%	模数
42	1.41	9.55	28.81	3.1

注：有关公式如下：

相对密度与波美度（°Be′）的关系：$波美度 = 145 - \dfrac{145}{相对密度}$；

模数 m 的计算：$m = \dfrac{SiO_2的重量}{Na_2O的重量} \times 1.032$（$SiO_2$ 与 Na_2O 的分子量之比）。

2）试验方法与现象分析

试验目的是比较水玻璃单浆和水玻璃氯化钙浆液对黄土的固化效果。

（1）注浆。分别将氯化钙溶液（15%）、水玻璃单浆（31°Be′）和水玻璃氯化钙浆液注入含水率 10%的松散均质黄土中。水玻璃和氯化钙的反应瞬间发生，故水玻璃氯化钙浆液应分先后依次注入，水玻璃先注，氯化钙后注（氯化钙溶液渗透速度快，渗透半径大，若先注则流失多，从而降低固化强度和注浆效率），在容器中室温敞口放置硬化。

（2）试验现象。氯化钙溶液是可溶性无机盐溶液，对黄土无固化作用，干燥后土呈饼状，与未注浆部分无差异。水玻璃单浆对黄土有固化作用，干燥后有一定强度，固结块中无白色霜状物分布，固结块体易碎裂。水玻璃氯化钙浆液注入后即有白色霜状物生成，干燥后强度明显高于水玻璃单浆，注浆后硅凝胶与土颗粒形成整块蜂窝状固结块体，白色霜状物分布其中，但强度分布不均。

3. 水玻璃乙酸乙酯浆液

1）试验材料

试验用浆液以碱性水玻璃溶液为主剂，市售水玻璃主要技术指标测定结果见表 2-8。有机凝胶剂选用乙酸乙酯，为分析纯级。

2）试验方法与现象分析

（1）试验方法。试验目的是分析水玻璃和乙酸乙酯浓度对水玻璃-乙酸乙酯浆液凝胶时间的影响。作者对水玻璃和乙酸乙酯两个因素各选取三个水平进行全面试验（即按因素水平的全部搭配方案逐一进行试验），其中因素水平选取如表 2-9 所示，试验观察了九个配比的凝胶时间，每个配比三个平行试验。

表 2-9 水玻璃相对密度与乙酸乙酯浓度水平的选取

水平	因素		备注
	水玻璃相对密度	乙酸乙酯浓度/%	
1	1.20	6	水玻璃与乙酸乙酯的体积比均为 1∶1
2	1.23	8	
3	1.26	10	

按照表 2-9 中配比要求，在搅拌情况下将乙酸乙酯溶液逐渐加入装有水玻璃的烧杯中，混合完毕后立即停止搅拌，静置观察凝胶现象及凝胶时间。

凝胶时间：指在一定的温度下，从参与反应的全部成分混合时起，到浆液失去流动性所经历的时间。浆液失去流动性以烧杯横放浆液流不出来为判定标准。本书中未用倒杯法测定凝胶时间是因为在硅溶胶凝胶化的过程中，若有搅动则可能凝聚成沉淀，并不形成硅凝胶。

（2）试验现象及分析。凝胶时间受浆液的配比、浓度、pH、温度等的影响，本节只对配比和浓度的影响进行了考察。表 2-10 为水玻璃–乙酸乙酯浆液凝胶时间室内试验结果，乙酸乙酯的浓度对凝胶时间的影响如图 2-26 所示。

表 2-10 水玻璃–乙酸乙酯浆液凝胶时间室内试验结果

水玻璃		乙酸乙酯浓度（体积百分浓度）/%	水玻璃与乙酸乙酯体积比	凝胶时间/min
浓度/(°Be′)	相对密度			
24	1.20	6	1∶1	130
27	1.23	6	1∶1	112
30	1.26	6	1∶1	127
24	1.20	8	1∶1	67
27	1.23	8	1∶1	63
30	1.26	8	1∶1	58
24	1.20	10	1∶1	29
27	1.23	10	1∶1	34
30	1.26	10	1∶1	30

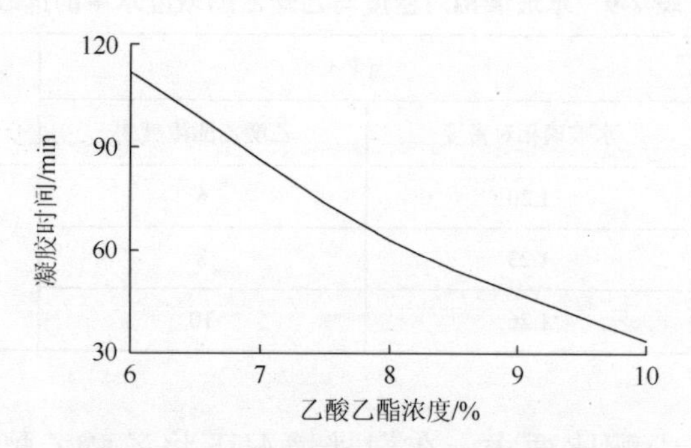

图 2-26 乙酸乙酯浓度对凝胶时间的影响

水玻璃浓度 27°Be′，温度 21℃

试验中发现以下现象：

①从混合完毕到凝胶生成，反应过程大致可分为四个阶段，即半透明黏性液体、乳白色黏稠液体（硅溶胶生成）、硅溶胶凝胶化（凝聚固化）和乳白色硅凝胶。

②每一阶段所用时间随乙酸乙酯溶液浓度的增大而缩短。

③当主剂水玻璃的量相同时，增加乙酸乙酯的量，可以提高凝胶强度。

④硅凝胶在放置过程中将进一步脱水硬化，提高强度，脱水过程历时较长。

⑤乙酸乙酯浓度一定时，随着水玻璃浓度的增加，凝胶时间基本无变化。这一现象可以从反应机理上加以说明，因为乙酸乙酯水解反应速度缓慢，所以凝胶时间主要由这一步反应决定，即使水玻璃浓度增加，也以缓慢速度凝胶。

⑥水玻璃浓度一定时，随着乙酸乙酯浓度的增加，凝胶时间明显缩短，乙酸乙酯浓度越大，时间缩短就越明显，胶体硬度越强。

4. 水泥水玻璃浆液

1）试验材料

试验采用浓度为41°Be′、模数为2.8～3.0的水玻璃和425#普通硅酸盐水泥。浆材相对密度为1.8～2.2。水泥、水和水玻璃按照一定配比混合成水泥水玻璃浆液。

2）试验方法与现象分析

（1）试验方法。首先将1m^{3}的黄土湿润成饱和状态，再在饱和黄土中形成约4cm厚的浆脉。每隔一段时间，用一长90cm、宽4cm、厚5mm的钢板条从50cm高度自由下落嵌入浆脉，记录钢板条嵌入浆脉中的深度，以此判断饱和黄土中浆脉强度随时间的变化规律。每次试验完将浆脉用饱和土填埋，以确保浆脉始终处于饱和黄土中。

（2）试验现象及分析。钢板条沉入深度随时间的变化曲线如图2-27所示。可以看出，注浆后4h内饱和黄土中浆脉强度增加迅速，而在注浆后约20h饱和黄土中浆脉强度趋于稳定。

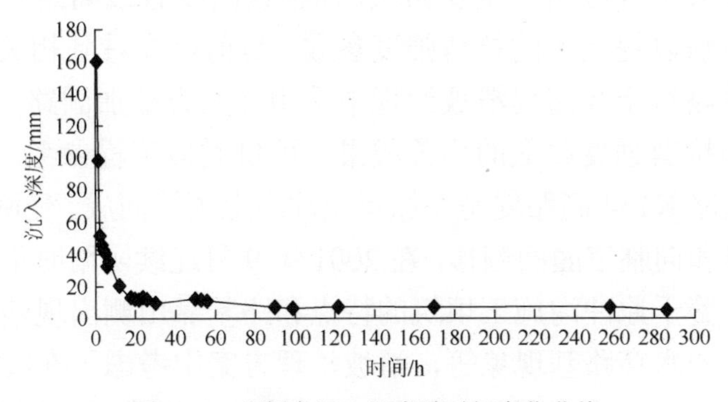

图2-27 钢板条沉入深度随时间变化曲线

5. 小结

（1）水玻璃溶液自身可水解产生硅凝胶，对黄土有一定固化作用，但其反应较慢，反应程度有限，形成固结体强度较低。加入凝胶剂可加速硅酸钠水解，促进硅酸凝胶迅速生成，满足注浆强度要求。

（2）氯化钙（无机凝胶剂）水玻璃浆液的优点是便宜、材料易获得；缺点是水玻璃与凝胶剂反应不彻底，因此凝胶固结物的稳定性差、强度不均。此外，凝胶时间不易控制。

（3）乙酸乙酯（有机凝胶剂）水玻璃浆液与氯化钙水玻璃浆液相比，最大的特点是水解反应时间比一般的凝胶反应时间长得多，因此使用有机凝胶剂便于控制凝胶时间。从普遍意义上讲，由于凝胶时间长且反应充分，其凝胶固结物的稳定性和强度都比无机凝胶剂的情形好。但由于有机凝胶剂成本较高，其广泛应用受到影响。

（4）饱和黄土中水泥水玻璃浆液强度硬化试验表明，即使在饱和黄土中也可以实施注浆工程并保证加固效果。

2.3.4 黄土及饱和黄土中水泥水玻璃注浆效果评价

1. 概述

地基基础的加固方法很多，如旋喷桩加固、锚喷加固、注浆加固等。近十年来我国注浆工程技术得到了长足发展，针对不同类型工程在浆液材料、注浆压力、单方注浆量等方面都积累了大量丰富的经验，控制附加沉降量等施工工艺方面的经验仍是注浆工程中最为重要的技术支持点。地基加固、深基坑支护、防水、地下洞室开挖超前预加固、边坡防护等都是注浆工程应用的重要领域，而在铁路既有线高路堤滑坡治理中采用注浆方法以提高土的抗剪强度参数，目前极少看到相关文献。本节介绍宝中铁路黄土高路堤滑坡治理中采用注浆方法加固路基，以提高土的密实度和抗剪强度参数的相关成果，可供类似工程参考。

宝中铁路K154高路堤是在原黄土冲沟上填筑而成。受降水影响，多次发生沉降和向临空面的侧移，在2001年9月连续阴雨时形成了明显的滑坡特征。鉴于原冲沟施工填筑的特点和路基靠山侧出现陷穴、高边坡侧出现明显的水穿路基现象等，滑坡治理方案中考虑了在线路路基中及滑带区域注浆的措施，以提高路基土的密实度和滑带土的抗剪强度参数。

为保证注浆工程的效果和在运营线上注浆对附加下沉的控制，进行现场原位剪切试验，比较注浆前后黄土抗剪强度指标的提高程度。此外，由于路基中含水率很大，坡面上又有泉眼常年出水，因而黄土中浆液很可能要在饱和土条件下硬化。本节介绍通过自由落体板条测到的饱和黄土中的浆液硬化规律。

2. 浆材及加固机理

1）浆材选择

采用浓度为41°Be′、模数为2.8～3.0的水玻璃和425#普通硅酸盐水泥。浆材相对密度为1.8～2.2。水泥、水和水玻璃按照一定配比混合成水泥水玻璃浆液。

2）化学加固机理

化学加固，是用机械压力把浆液均匀压入目的层，浆液以填充、渗透、挤压、劈裂等方式，排挤土粒间的水分、气体，占据其位置，使原来松散、软弱的土体变为一种结构紧密、强度较高、抗潜蚀能力较强的复合土体，这是物理作用机理[21]。

水泥水玻璃浆液的凝胶机理包括水泥的水解过程和水泥与水玻璃的反应[22]，反应随氢氧化钙的逐渐生成而连续进行，随着反应的进行，胶质体越来越多，强度也越来越高。因此，水泥浆液的初期强度主要是水玻璃与氢氧化钙的反应起作用，而后期强度主要是水泥的水化反应起作用。另外，水泥中硅酸三钙的含量是固定的，其水化生成的氢氧化钙以及水玻璃与氢氧化钙反应的量也是一定的，因此过多的水玻璃是无益的，它会使体系稀释以致强度下降。

同时，水玻璃还与土中的钙发生反应生成硅酸盐，使土体进一步固结[21]。水泥水玻璃浆材具有速凝、可灌性好、抗压强度高、来源广、成本低等优点[21]。

3. 注浆区域

考虑在路基下2～12m内和滑动带位置深度4m范围内注浆加固，注浆位置设计如图2-28和图2-29所示。图2-28是线路横断面上所反映的注浆范围，可以看出滑坡滑动带及铁路路基下的注浆范围；图2-29是沿线路方向纵断面上的注浆范围，考虑了病害区土体与原状土体之间的刚度过渡。工程总计加固土方6788m^3。

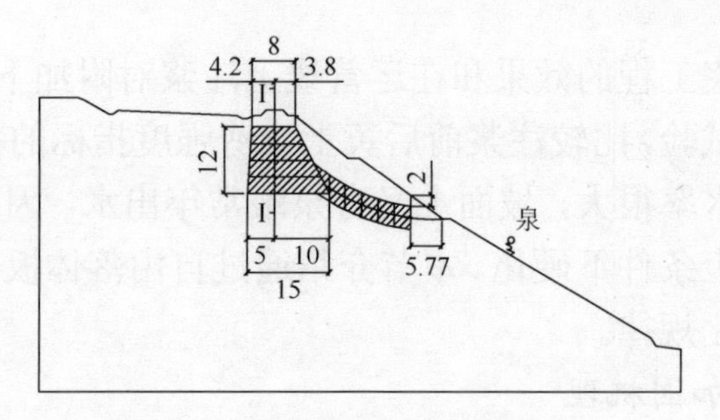

图 2-28 注浆带横剖面图（单位：m）

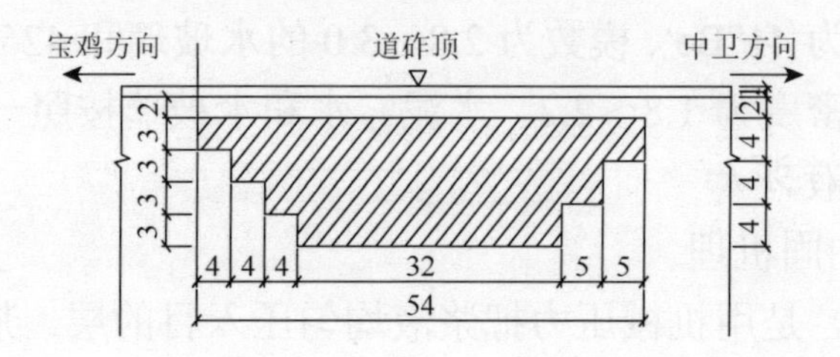

图 2-29 注浆带纵剖面图（Ⅰ—Ⅰ剖面）（单位：m）

4. 现场原位剪切试验

试验主要依据中华人民共和国住房与城乡建设部《岩土工程勘察规范》（GB 50021—2001）[23]和中华人民共和国水利部《土工试验规程》（SL 237—1999）[24]进行。试验区域单方注浆量为 70L/m^3。对 5 个试体进行原状黄土的原位剪切试验，另对注浆区域的 5 个试体进行注浆后黄土的原位剪切试验。注浆后土体的原位剪切试验曲线如图 2-30～图 2-32 所示。图 2-30 给出了注浆后 1#试体的水平推力与时间关系曲线。图 2-31 是剪切位移与时间关系曲线。图 2-32 是水平推力与剪切位移关系曲线。

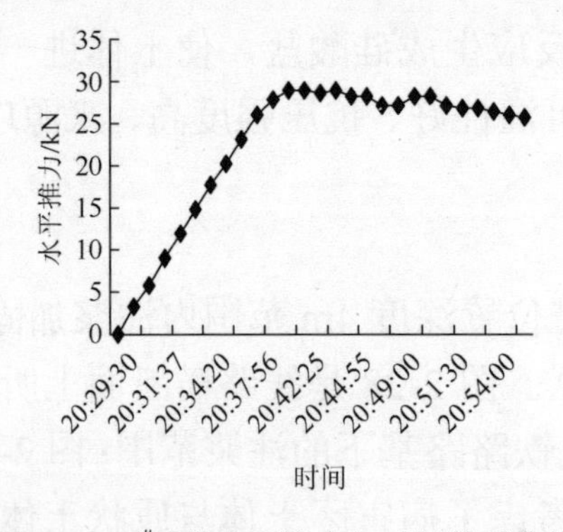

图 2-30 1#试体水平推力与时间关系曲线

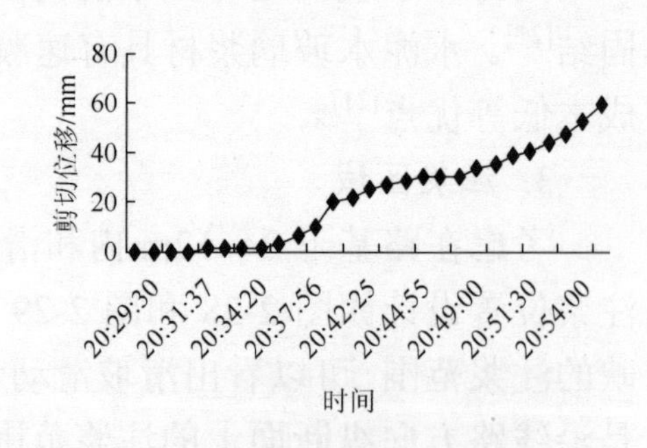

图 2-31 1#试体剪切位移与时间关系曲线

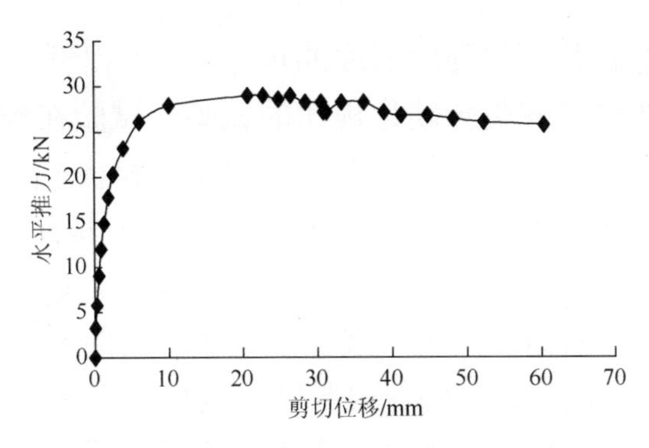

图 2-32　1#试体水平推力与剪切位移关系曲线

注浆前和注浆后 5 个试体的试验应力值分别如表 2-11 和表 2-12 所示。

表 2-11　原状土试体试验应力值

试体编号	1	2	3	4
σ/kPa	50	100	150	200
τ/kPa	60.60	81.06	101.53	121.53

表 2-12　注浆后试体试验应力值

试体编号	1	2	3	4	5
σ/kPa	50	100	150	200	250
τ/kPa	98.29	104.70	110.11	235.00	184.37

利用表 2-11 和表 2-12 的试验应力值，根据最小二乘法原理，用下列公式[25]求得注浆前与注浆后的抗剪强度参数（结果见表 2-7）：

$$\tan\varphi=\frac{n\sum_{i=1}^{n}\sigma_i\tau_i-\sum_{i=1}^{n}\sigma_i\sum_{i=1}^{n}\tau_i}{n\sum_{i=1}^{n}\sigma_i^2-(\sum_{i=1}^{n}\sigma_i)^2},\quad c=\frac{\sum_{i=1}^{n}\sigma_i^2\sum_{i=1}^{n}\tau_i-\sum_{i=1}^{n}\sigma_i\sum_{i=1}^{n}\sigma_i\tau_i}{n\sum_{i=1}^{n}\sigma_i^2-(\sum_{i=1}^{n}\sigma_i)^2} \tag{2-46}$$

5. 饱和黄土中浆脉强化规律

注浆工程难免遇到含水率很高甚至饱和的黄土。浆材在饱和黄土中的强度增长规律在浆材达到一定强度之前是很难测定的。为了研究水泥水玻璃浆液在饱和黄土中强度形成的规律，本工程设计了一个测定饱和黄土中水泥水玻璃浆液浆脉硬化规律的试验。试验在施工现场进行。

试验方法是：首先将 1m^3 的黄土湿润成饱和状态，再在饱和黄土中人工形成约 4cm 厚的浆脉。每隔一段时间，用一根长 90cm、宽 4cm、厚 5mm 的钢板条从 50cm 高度自由下落嵌入浆脉，记录钢板条嵌入浆脉中的深度，以此判断饱和黄土中浆脉强度随时间的变化规律。每次试验完将浆脉用饱和土填埋，以确保浆脉硬化过程始终在饱和黄土中发生。

试验进行了 12 天，经整理后的钢板条沉入深度随时间的变化曲线如图 2-27 所示。可以看出，注浆后 4h 内饱和黄土中浆脉强度增长迅速，而在注浆后约 20h 饱和黄土中浆脉强度已趋于稳定[26]。

因此，可以认为当注浆工程对附加沉降要求不高时，通过安排合理的注浆施工工序，即使在饱和黄土中也可以实施注浆加固工程。

6. 小结

在黄土中注入水泥水玻璃浆液既可以提高土体的密实度，又能够显著提高土体的抗剪强度。现场直剪试验表明，当单方注浆量为 70L/m^3 时，复合土体的黏聚力提高了 38.12%，内摩擦角提高了 40.91%。饱和黄土中水泥水玻璃浆脉硬化试验，证明了水泥水玻璃浆液的水泥水解过程及水泥与水玻璃的反应过程都较快，即使在含水率很高甚至在饱和黄土中注浆，只要合理安排工序以控制附加沉降在允许范围以内，浆液强度的增长速度能够满足工程加固的要求。

2.3.5 宝中线大寨岭黄土高路堤滑坡整治综述

滑坡防治主要目的是降低滑坡下滑力，提高滑体的抗滑力。根据前面的分析，滑坡整治方案采用抗滑桩支挡、路基下注浆加固和排水三项措施。抗滑桩方案分析结果表明，设置抗滑桩以后，六个不满足规范[25]稳定系数最小值的滑面在设桩以后均能满足规范对稳定性的要求。只有一个滑面，也就是可能冒顶的滑面，其稳定系数为 1.089，仍不满足规范要求。

解决冒顶问题，也有很多方法，本工程选择在路基下及冒顶滑面滑带土内注浆加固的方案，一是为了提高滑带土的抗剪强度，二是为了加固路基及其下部土体以增加土体的密实度。

由分析得知，水是该滑坡形成的主要原因，而且坡面泉眼有常年渗水现象，其工程施工期的试验排水孔有大量高路堤内地下水排出，方案中考虑了设置永久立体排水系统[9, 10, 12, 13]。

1. 注浆方案

注浆除了要满足加固效果的要求，还要考虑沿线路运行方向路基的刚度问题，因此进行矩形注浆与阶梯形注浆的路基竖向刚度比较分析。通过分析可知，采用沿线路纵向阶梯形注浆体可使路基刚度均匀变化、平顺过渡，从而解决了工程中常见的跳车问题。

2. 排水方案

（1）地下水及病害状态分析。现场踏勘时，比较明显的破坏现象是：线路左侧出现了明显的弧状牵引裂缝，一坡段中部附近出现了明显的鼓出现象以及一坡段上 1/3 处有似泉眼渗水的现象，每天水量约 200L。通过上述现象可以看出，该工程病害具有明显的滑坡滑动迹象，而与之相关的一方面是泉眼渗水现象，因此进行了相应的地质钻探及分析工作以确定二者之间的联系。通过地质钻探结果恢复出了地层及地下水位情况。结果表明，上部为素填土，然后是砂质黄土与黏质黄土互层的黄土质土，再下面是卵石土，最下面是泥岩。路基下地下水位很高。整个上部地层含水率较高，平均天然含水率为 25.3%，个别地层含水率接近液限值 30.3%。结合其他土工试验指标，判断该处路基土地基基本承载力仅为 125kPa。

（2）立体排水系统。该段高填土路堤立体排水系统由地表排水系统和地下排水系统两部分组成。其中，地表排水系统包括设置周边截、排水沟，在地下仰斜排水孔出水口处将水引向下面河内，道砟下面铺设防水板，铁路南侧反坡排水坡面等措施，其目的是减少地表水入渗，阻隔地表水与地下水的水力联系，将地表水尽快排离边坡范围。地下排水系统包括设置坡体地下仰斜排水孔及竖向降水孔等，其目的是降低坡体内的地下水，疏干近坡面坡体，从而改善边坡的稳定条件，提高边坡稳定安全度。以上两部分共同构成整体的立体排水系统。

因此，在原来试验仰斜排水孔经验的基础上设计了 22 个永久仰斜排水孔，分三层，见图 2-34。针对该段坡体的地形及地层情况，分别在路基下方一级平台之上、坡面出水处以下以及坡脚附近设置 3 排仰斜排水孔，仰斜排水孔水平间距为 4～6m，第一排孔深 60m，第二排孔深

48m，第三排孔深 38m，均使仰斜排水孔前端穿过路基。仰斜排水孔仰角为 7°，孔口标高分别为 1333m、1327m 和 1320m。排水孔孔径 110mm，内置直径为 100mm 的排水软管。在排水孔出口端 1m 范围内挖槽填块（卵）石掩埋，以保证水的顺利排出。

同时考虑到下层为卵砾石层且通向了边坡下的小河，而卵砾石层具备较好的排水功能，因此在边坡的二级平台上设计了 5 个竖向降水孔，在铁路线另一侧也设计了 4 个竖向降水孔，共 9 个竖向降水孔。所有降水孔均伸入卵砾石层一定深度，使所有可能汇入降水孔的水能够进入卵砾石层而排出坡体。排水系统从空间几何上已经形成了交错布置的网状结构，具备较好的把水从隐患部位排出的可能性。

虽然认识到护坡旁边的泉水与路基下的水是同一个水源，但是水路在路基体内的分布及流通情况并不清楚。为此，先根据含水率情况打了 12 个试验仰斜排水孔，其中有 9 个水平仰斜排水孔，另外特别在出水泉眼处打了 3 个辐射孔，以检查水的来源。通过四个多月的连续观测，发现有 3 个仰斜试验排水孔（Ⅱ-4、Ⅲ-5、Ⅲ-6）长期出水，随着坡面上的不断出水，泉眼处 3 个辐射孔出水量越来越少。试验孔总的出水量（2002 年 12 月～2003 年 4 月）为 20.24t。试验孔既可以探明地下水出水情况，为进一步制订合理的排水方案做准备，又可以预先排出一部分地下水，为既有铁路线路路堤的行车安全及以后其他措施的实施提供安全保证。效果算是很好，也证明了滑坡主要成因是水害的科研结论。

特别重要的现象是，地下水位在坡体中呈鼓起状态，说明很可能在路基下面某个位置有水源，水是滑坡产生的根本原因。

为了进一步验证一坡段上 1/3 处泉眼渗水与内部水源之间的关系，做了水质化验。结果表明，护坡旁边的泉水与路基下的水是一个水源。根据附近村民的描述，铁路施工前在当前线路下面约 12m 陡坡中间有出水泉眼。因此，判定水是路基沉陷的主要原因，路基及护坡下水的主要来源是地表水补给和地下泉水的结合。

通过地下水的状态分析以及较明显的破坏现象，并结合相应的滑体稳定性分析认为，滑坡体已经处于蠕动阶段，必须采取合理的工程措施予以整治。

从上述勘查得到的分析结果，再从形成过程上来看，其形成原因是该段路堤是在老黄土沟槽上填土修建而成，填土主要由砂质黄土和黏质黄土组成，由于填土时未设置良好的排水设施，坡体内积水无法及时排出，造成土体含水率增高，从而导致坡体稳定性下降。

根据含水率情况首先打了 12 个试验仰斜排水孔，探明了地下水出水情况，并预先排出部分地下水，为既有铁路行车安全及其他工程措施的实施提供了安全保证。工程设计了 22 个永久仰斜排水孔，分三层。针对坡体形状、地层情况和地下水分布，自上而下共设置了三排仰斜排水孔，分别在路基下方一级平台之上、坡面出水处以下以及坡脚附近位置。仰斜排水孔前端均穿过路基。考虑到下层为卵砾石层且倾向边坡下的河流，在边坡的二级平台上设计了 5 个竖向降水孔，在铁路线另一侧设计了 4 个竖向降水孔。所有降水孔均伸入卵砾石层一定深度，使得所有可能汇入降水孔的水能够进入卵砾石层而排出坡体。排水系统是交错布置的网状空间体系[27]，如图 2-33 所示。

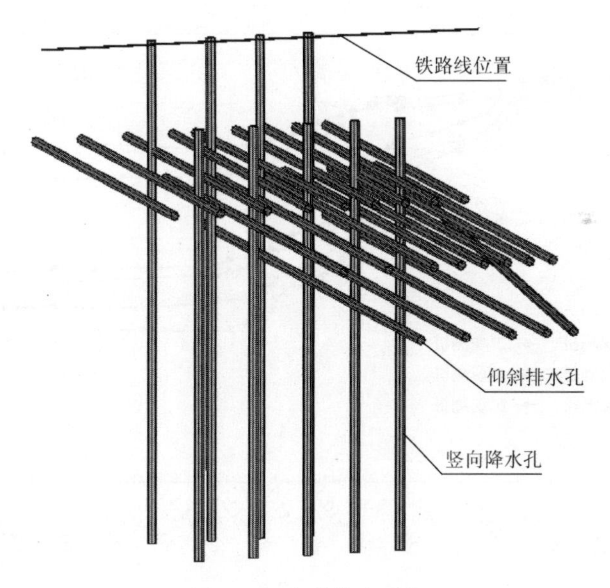

图 2-33 立体排水系统

2.3.6 整治效果与验证

1. 路肩变形观测

路肩变形观测结果如图 2-34 和图 2-35 所示。路肩水平位移和沉降观测结果均表明路基已经处于稳定状态。

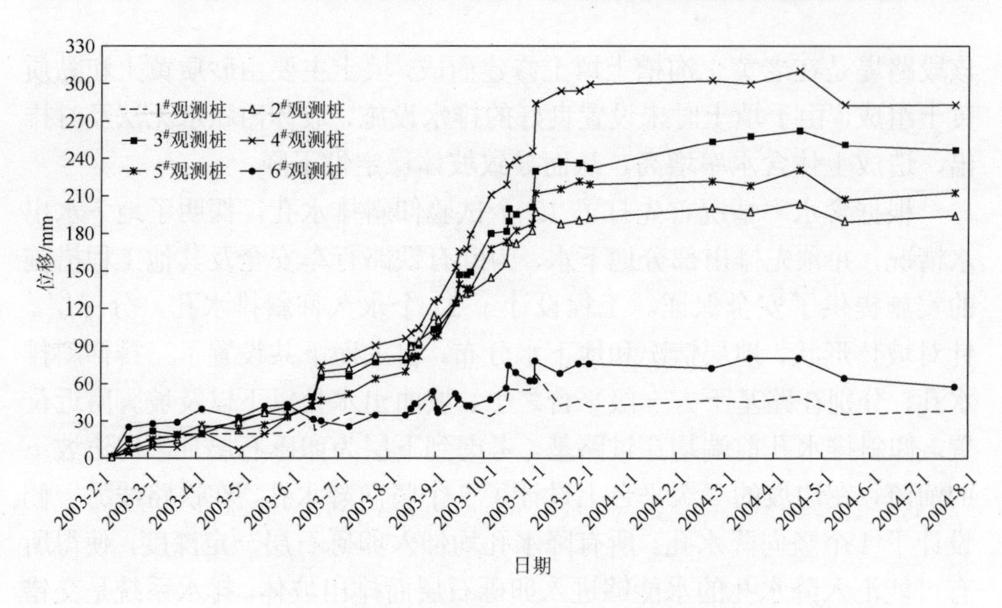

图 2-34 路肩观测桩水平位移-时间变化曲线

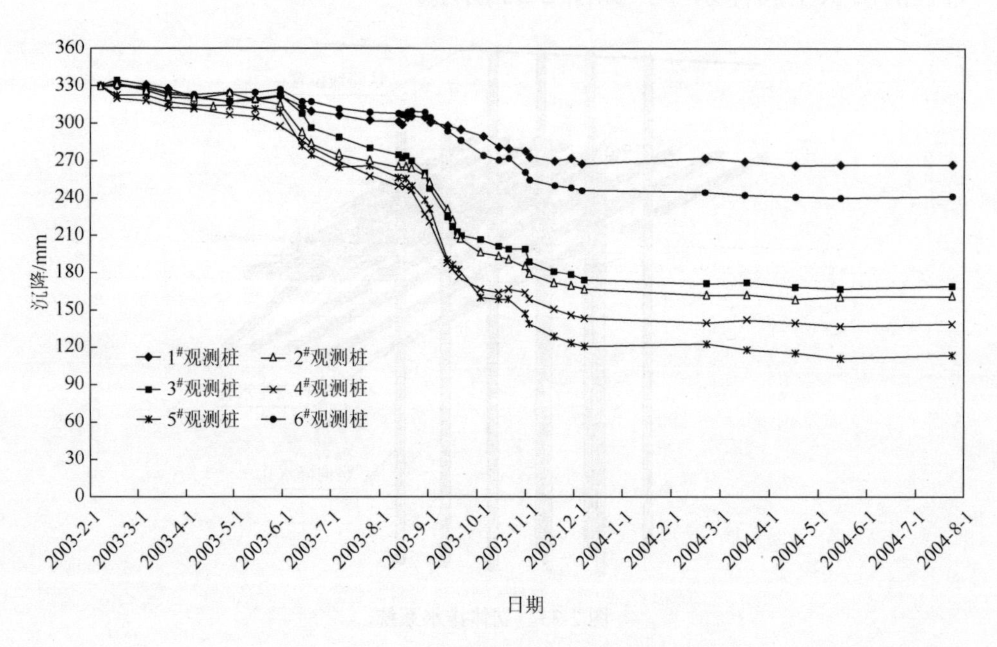

图 2-35 路肩观测桩沉降-时间变化曲线

2. 地下水位量测

通过长期观测，获得了工程整治前后的地下水位比较图，如图 2-36 所示。可以看出，滑坡体内积水已经排出。

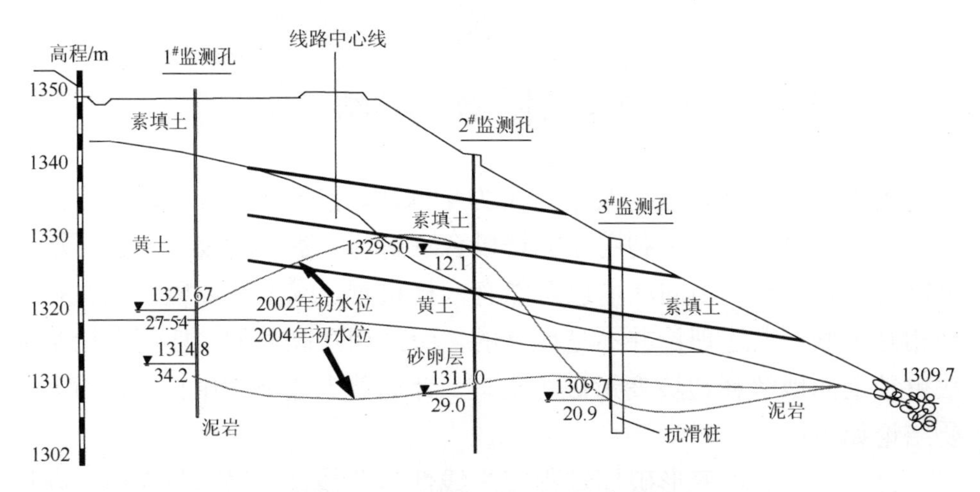

图 2-36 工程整治前后地下水位比较图

3. 地基承载力测试

根据现场动力触探试验结果和室内土工试验结果所确定的地基承载力列于表 2-13[28]。动力触探结果表明地基承载力提高了 46%，室内土工试验结果表明地基承载力提高了 20%。

表 2-13 地基承载力比较

试验方法	注浆前/kPa	注浆后/kPa	提高/%
动力触探	110	161	46
室内土工试验	125	150	20

4. 其他物理力学指标比较

注浆前后室内土工试验参数的比较如表 2-14 所示。2004 年 3 月取样试验时的含水率指标几乎与 2002 年 1 月取样时相同，但是路基土体的孔隙比减小了 17%，天然密度增加了 8%，压缩模量提高了 43%。

表 2-14 土工试验参数比较

项目	整治前	整治后	比较
含水率 w/%	24.36	24.58	0.90%
孔隙比 e	0.83	0.69	−17%
天然密度 ρ/(g/cm^3)	1.86	2.01	8%
压缩模量 E_s/MPa	4.96	8.69	43%
湿陷系数 δ_s（200kPa 条件下）	0.008	0.001	—

2.4　本 章 小 结

黄土边坡形成机理是复杂岩土力学问题，它需要综合考虑各方面因素，需要多种理论综合利用才能得以合理解释。鉴于边坡在一种环境下可能有几种机理，不同环境也可能有一样机理，或多种环境下的几种机理相互关联，上述理论并不是孤立的，而是相互联系的，任何理论都无法单独全面地解释边坡变形破坏机理。针对黄土边坡作用机理研究，主要结论如下：

（1）黄土边坡变形破坏过程应为线性与非线性、局部与整体、渐进与突变共存的动力演变过程，表现为稳定—蠕变—突变—失稳。

（2）整体表现为非线性演变过程，局部仍有较强线性关系，如土体蠕变初期，表现为较强线性特征。

（3）整个过程为一渐进破坏过程，而单种状态实际也可认为是一个小的渐进破坏过程。

（4）当坡体中局部剪应力超过局部剪强度、土体的应力-应变曲线为软化型时，渐变破坏才能进行，即应变局部化是土体发生渐进破坏的条件。

（5）突变需要触发条件，震害、水害、节理洞穴、人工开挖或其他因素都会加速渐进破坏或者直接导致边坡灾害发生。

降水是大多数黄土边坡水分的唯一补给来源，如果根据地表降水补给和蒸发排泄过程能预测边坡中水分的变化，并确定水分变化与抗剪强度的关系，则有可能对边坡稳定性做出判断，并确定降水阈值。由于水在黄土中以非饱和态运移，渗透系数随含水率的减小呈指数减小；有效正应力随含水率的减小呈指数增长。非饱和渗透性曲线和土水特征曲线的测量有很高的难度，不易在实际中推广。但是要预测边坡的水分场，首先要研究黄土的非饱和渗透性问题；要确定边坡中黄土的强度随水分场的变化，就必须研究土水特征问题，这是目前有待深入研究的两个问题。

黄土边坡机理的研究虽然众多，成果颇丰，但仍是悬而未决的国际难题，也是重点、热点问题。当前研究的另一思路是综合运用地学、数学、力学、系统科学、计算机等多学科多理论，加强试验研究，争取更大突破。根据黄土边坡失稳的原因及机理[29-32]，从以下几方面采取防治措施：

（1）排水措施。因黄土具有特殊的多孔骨架结构，对水的侵蚀特别敏感，并且随含水率增大，其抗剪强度剧烈降低，为减少地表水渗入边坡坡体内，应在边坡潜在滑塌区后缘设置截水沟，边坡表面设地表排水系统。

（2）采用锚杆挡墙支护或土层锚杆支护来提高边坡的抗剪能力，这是一种对控制黄土边坡失稳非常有效的积极措施。

（3）采用坡面防护，防治边坡冲刷引起的失稳，如植物防护、砌石护坡等。

（4）避免在边坡顶部的潜在滑塌区范围内堆载，进行建筑工程和线路工程建设。

（5）对高边坡应设计成多级台阶边坡，增设卸荷平台；避免边坡坡脚部位的不合理开挖。此外对黄土边坡设计选用合理的边坡坡率，并在边坡工程施工中采用信息化逆作施工法。

（6）通过对黄土边坡失稳机理的简单分析探讨，提出了一些黄土边坡失稳的防治措施。实践中，有关边坡的失稳破坏因素比较随机且复杂，有更多的岩土学者运用概率论、数理统计和模糊学知识的非确定性方法来研究边坡稳定，这将使黄土边坡稳定性理论能够更加贴切地应用到岩土工程中，从而指导工程建设。

参考文献

[1] 王恭先. 滑坡学与滑坡防治技术[M]. 北京: 中国铁道出版社, 2004.

[2] 刘成宇. 土力学[M]. 北京: 中国铁道出版社, 2002.

[3] 钱家欢, 殷宗泽. 土工原理与计算[M]. 2 版. 北京: 中国水利水电出版社, 1996.

[4] 王维升, 万鑫. 浅议黄土滑坡的分布规律及形成条件[J]. 灾害学, 2001, 16 (2): 82-86.

[5] 赵新成. 黄土滑坡区公路施工中的防灾减灾[J]. 甘肃科技, 2007, 23 (5): 176-177.

[6] 李世星. 宝中线湿陷性黄土路基边坡病害的分析及治理[J]. 西部探矿工程, 2001, (4): 132-133.

[7] 陈志敏, 赵德安, 李双洋, 等. 黄土滑坡最不利滑面综合分析方法[J]. 铁道工程学报, 2007, (7): 12-23.

[8] 铁道部第一勘察设计院. 铁路路基设计规范：TB 10001—2016[S]. 北京: 中国铁道出版社, 2016.

[9] 铁道部第一勘察设计院. 铁路工程抗震设计规范：GB 50111—2006[S]. 北京: 中国铁道出版社, 2006.

[10] 铁道部第二勘察设计院. 抗滑桩设计与计算[M]. 北京: 中国铁道出版社, 1983.

[11] 赵德安, 郑静, 李双洋, 等. m 法和 k 法可灵活组合的刚性抗滑桩内力计算公式[J]. 兰州铁道学院学报, 2003, 22 (1): 1-5.

[12] 铁道第二勘察设计院. 铁路路基支挡结构设计规范：TB 10025—2006[S]. 北京: 中国铁道出版社, 2006.

[13] 铁道部第一勘察设计院. 铁路工程设计技术手册路基[M]. 北京: 中国铁道出版社, 1992.

[14] 赵德安, 刁静茹, 常青, 等. 3 种典型水玻璃浆液在黄土中的凝胶特征[J]. 建井技术, 2004, 25 (2-3): 36-39.

[15] 张照亮, 赵德安, 陈志敏, 等. 注浆黄土原位剪切试验分析[J]. 交通标准化, 2006, (5): 59-62.

[16] 余振锡. 预应力锚索抗滑桩在滑坡治理中的应用[J]. 金属矿山, 1998, (4): 10-12, 27.

[17] 戴自航, 沈蒲生, 彭振斌. 预应力锚固抗滑桩内力计算有限差分法研究[J]. 岩石力学与工程学报, 2003, 22 (3): 407-413.

[18] 吴鸿庆, 任侠. 结构有限元分析[M]. 北京: 中国铁道出版社, 2000.

[19] 程晓、张凤祥. 土木注浆施工与效果检测[M]. 上海: 同济大学出版社, 1998.

[20] 杜嘉鸿，张崇瑞，何修仁，等. 地下建筑注浆工程简明手册[M]. 北京: 科学出版社, 1998.

[21] 程鉴基. 双液化学硅化法在地下溶洞加固工程中的应用[J]. 工程勘察, 1996, (1): 18-41.

[22] 岩土注浆理论与工程实例协作组. 岩土注浆理论与工程实例[M]. 北京: 科学出版社, 2001.

[23] 中华人民共和国建设部. 岩土工程勘察规范：GB 50021—2001[S]. 北京: 中国建筑工业出版社, 2002.

[24] 中华人民共和国水利部. 土工试验规程：SL 237—1999[S]. 北京: 中国水利水电出版社, 1999.

[25] 中华人民共和国水利部. 水利水电工程岩石试验规程：DLT 5386—2007[S]. 北京: 中国水利水电出版社, 2007.

[26] 陈志敏, 赵德安, 李双洋, 等. 黄土及饱和黄土中水泥水玻璃注浆效果评价[J]. 兰州交通大学学报, 2004, 23 (6): 48-51.

[27] 陈志敏, 赵德安, 马周全, 等. 宝中线某滑坡立体排水措施介绍[C]//第二届全国岩土与工程学术大会论文集. 北京: 科学出版社, 2006: 698-702.

[28] 赵德安, 马周全, 陈志敏, 等. 黄土路基注浆加固的动力触探效果评价[C]//第九届全国岩石力学与工程学术大会论文集. 北京: 科学出版社, 2006: 99-102.

[29] 朱立峰, 胡炜, 贾俊, 等. 甘肃永靖黑方台地区灌溉诱发型滑坡发育特征及力学机制[J]. 地质通报 2013, 32 (6): 840-846.

[30] 王衍汇, 倪万魁, 石博溢, 等. 延安新区黄土高填方边坡稳定性分析[J]. 水利与建筑工程学报, 2014, 12 (5): 52-56.

[31] 陈春丽, 贺凯, 李同录. 坡脚开挖诱发古滑坡复活的机制分析[J]. 西北地质, 2014, 47 (1): 255-260.

[32] 赵德安, 王同军, 回玉萍, 等. 宝中线大寨岭黄土高路堤滑坡整治综述[J]. 岩土工程学报, 2008, 30 (8): 1248-1255.

3　高陡盐渍土边坡失稳机制与整治

3.1　工 程 背 景

南疆铁路库尔勒至喀什段全长 969.88km，沿途经过库车县、阿克苏市、巴楚县等地，它是内地通往西部边陲的重要交通要道，也是连接南疆各主要城市的通道，它是我国西北路网的重要组成部分，对整个新疆地区的经济发展具有巨大的推动作用。

南疆铁路所处自然地理位置特殊，沿线降水、大风、气候等自然条件和工程水文地质条件较为复杂。该段线路于 1996 年 9 月 6 日破土动工，1998 年 12 月 1 日库阿段开通运营，至 1999 年 12 月 6 日全线交付临管处运营。该铁路虽自动工至运营时间较短，但建成后由于各种因素的影响，盐渍土病害较为明显，特别是阿克苏和喀什工务段的盐渍土病害，其病害产生路段长达 108km。

盐渍土路段的路基病害主要表现为路基泛盐，表面松胀，部分路基板结，脚踩下陷，其中部分路段下沉，轨道几何尺寸变形较大。这些路基病害的不断产生不仅加大了工务部门的养护难度和工作量，而且严重影响行车安全。因此，南疆铁路临管处采取了工程措施进行整治，但由于盐渍土路基的特殊性，治理效果不佳，南疆铁路西延线盐渍土病害仍然存在很大的隐患，致使铁路的正常运营受到严重的影响。

3.2　南疆铁路盐渍土路基病害机理研究

3.2.1　南疆铁路盐渍土路基病害成因分析

土壤盐渍化[1-4]是指在自然或人为因素下，盐碱成分在土体中累积，使其他类型土壤向盐渍土演变的过程。土壤盐渍化的危害和特征如下[4-7]：

（1）腐蚀性破坏。盐渍土中氯盐对金属有强烈的腐蚀作用，特别是金属（铁轨）。硫酸盐对混凝土、黏土砖的腐蚀作用强烈，对金属（铁轨）也有腐蚀作用，硫酸盐与氯盐同时存在时，其腐蚀性更大。

（2）溶陷性破坏。盐渍土的盐分遇水溶解后，土的物理性质和力学性质指标均发生变化，强度明显降低。同时因为盐的溶解而产生地基溶陷，由此产生的收缩沉降对铁路路基造成破坏。

（3）盐胀性破坏。若土层中的硫酸盐含量过大，在温度或湿度发生变化时，会产生体积膨胀，导致路基破坏，轨道变形。

（4）吸湿性。氯盐的吸湿使土层表面变得泥泞，但如果在干旱缺水地区，则对土壤有较好的压实作用。

（5）聚表性。含有盐分的地下水在毛细水的作用下，土层表面受大气蒸发影响，使土表盐分大量聚集，从而发生次生盐渍化现象。

（6）碱化作用，主要指钠盐渍土。当路基受到雨水大量冲洗时，表层盐分下移，引起离子交换作用，使细粒土表面吸附钠离子数量增加，土体由盐土变为碱土，这种碱化作用使土体膨胀性增加，透水性减弱，土体密度变小，路基稳定性降低，故应做好路面排水工作。

针对南疆铁路盐渍土病害问题，对南疆铁路 K938、K938+100、K1416 和 K1417 重塑盐渍土及其几种改良盐渍土方案进行物理力学特性室内试验研究。目的是研究盐渍土的改良措施及改良后的工程性质，并与试验段相印证；通过改良盐渍土各种配方的比选，寻找最佳配合比，为南疆铁路复线改造、火车提速进行前期研究。室内试验方案中，除包括盐渍土的室内常规试验（颗粒分析、液限、塑限、渗透试验、重型击实试验、易溶盐分析、中溶盐分析、无侧限抗压强度试验、水质分析等）外，还对改良盐渍土的三种类型六种配方进行易溶盐分析、中溶盐分析、无侧限抗压强度试验、盐胀及冻融试验以及冻融循环后的无侧限抗压强度试验等。除上述改良方案外，为防止这些病害的发生，很重要的一项措施就是控制地下水位，掌握毛细水上升高度、上升速度及规律。因此，在上述试验的基础上，重点对 K938 重塑盐渍土、K938 Ⅲ-3 型改良盐渍土、K938+100 Ⅲ-4 型改良盐渍土进行次生盐渍化试验，以全面研究重塑盐渍土和改良盐渍土的毛细水上升及次生盐渍化现象，弄清水分盐分迁移规律。本节重点介绍次生盐渍化试验装置与试验研究。试验要求试样上部蒸发温度为 30～35℃，试样下部蒸发温度为常温，取盐渍土地下水进行补给，试验时间根据试验情况而定，并结合试验要求自行研发一套测定土的毛细水上升高度的智能控制系统。

3.2.2　常规试验研究

1. 盐渍土的室内常规试验

室内常规试验包括颗粒分析、液限、塑限、渗透试验、重型击实试验、易溶盐分析、中溶盐分析、无侧限抗压强度试验、水质分析等。

2. 改良盐渍土室内试验

改良盐渍土考虑三种类型共六种配方。每种类型的改良盐渍土试验方案分别如表 3-1、表 3-2、表 3-3 所示。Ⅰ-1 型、Ⅱ-1 型和Ⅲ-1 型改良盐渍土在阿克苏和阿图什都有试验段，Ⅲ-4 型改良盐渍土用于制砖进行包坡，Ⅲ-2 型和Ⅲ-3 型改良盐渍土是在Ⅲ-1 型基础上进行优化提出来的。

表 3-1　Ⅰ型改良盐渍土试验方案

配方	Ⅰ-1 型：盐渍土+5%$CaCl_2$
试验要求	重型击实试验； 28 天（不浇水）养护后进行以下试验：易溶盐分析、中溶盐分析、无侧限抗压强度试验、盐胀及冻融试验； 冻融循环 3 次、7 次、10 次后分别进行无侧限抗压强度试验

表 3-2　Ⅱ型改良盐渍土试验方案

配方	Ⅱ-1 型：盐渍土+3%$CaCl_2$+8%石灰
试验要求	重型击实试验； 28 天（不浇水）养护后进行以下试验：易溶盐分析、中溶盐分析、无侧限抗压强度试验、盐胀及冻融试验； 冻融循环 3 次、7 次、10 次后分别进行无侧限抗压强度试验

表 3-3　Ⅲ型改良盐渍土试验方案

配方	Ⅲ-1 型：水泥：粉煤灰：石灰：盐渍土＝0.04：0.3：0.06：0.6
试验要求	重型击实试验； 3 天养护后进行渗透试验和次生盐渍化试验； 28 天（7 天标准养护室养护）养护后进行以下试验：易溶盐分析、无侧限抗压强度试验、盐胀及冻融试验； 冻融循环 3 次、7 次、10 次后分别进行无侧限抗压强度试验

续表

配方	Ⅲ-2 型：水泥：粉煤灰：石灰：盐渍土 = 0.04：0.25：0.06：0.65
试验要求	重型击实试验； 3 天养护后进行渗透试验和次生盐渍化试验； 28 天（7 天标准养护室养护）养护后进行以下试验：易溶盐分析、无侧限抗压强度试验、盐胀及冻融试验； 冻融循环结束后进行无侧限抗压强度试验
配方	Ⅲ-3 型：水泥：粉煤灰：石灰：盐渍土 = 0.04：0.2：0.06：0.7
试验要求	重型击实试验； 3 天养护后进行渗透试验和次生盐渍化试验； 28 天（7 天标准养护室养护）养护后进行以下试验：易溶盐分析、无侧限抗压强度试验、盐胀及冻融试验； 冻融循环结束后进行无侧限抗压强度试验
配方	Ⅲ-4 型：水泥：粉煤灰：石灰：盐渍土 = 0.09：0.27：0.09：0.55
试验要求	重型击实试验； 3 天养护后进行渗透试验和次生盐渍化试验； 28 天（7 天标准养护室养护）养护后进行以下试验：易溶盐分析、无侧限抗压强度试验、盐胀及冻融试验； 冻融循环结束后进行无侧限抗压强度试验； 次生盐渍化试验后对试样的上表面及中间剖面分别进行易溶盐分析

3.2.3 毛细水上升及次生盐渍化试验研究

1. 盐渍土毛细水向上运移的主要形式

硫酸钠盐渍土的盐胀规律与含水率有着密切的关系，毛细水的上升能直接浸湿软化路基的填土，进而使路基填土的强度降低，产生盐胀、冻胀等病害。此外，当地下水含有盐分时，含盐的水溶液上升。如果在毛细管带范围内，地表蒸发引起湿度降低或地温降低，都会使毛细水中的盐分析出而生成次生盐渍土，当地下水位低于一定深度时，就不会形成盐渍土，此深度称为盐渍化临界深度，临界深度与土体的毛细水上升高度密切相关。为防止这些病害的发生，很重要的一项措施就是控制地下水位，掌握毛细水上升高度、上升速度及规律。

为了具体确定毛细水上升高度，必须了解盐渍土地区地下水向上运移的主要形式。主要形式有：①毛细孔隙水与地下水表面压力梯度所引起的毛细水上升运动；②土孔隙中不同浓度溶液的渗透压力梯度所引起的矿化水的渗透运动；③土粒表面电分子的吸附力梯度所引起的薄膜水的楔入运动。

2. 影响毛细水上升高度的主要因素

毛细水是由毛细力支持充填在土的细小孔隙中的水。同时受到毛细力和重力的作用，当毛细力大于水的重力时，毛细水即上升并达到一定的高度，直至水的重力等于毛细力。在毛细力作用下，地下水能上升的最大高度为毛细水最大上升高度。根据静水力学定理，水柱的重量与表面张力相等，得

$$\pi r^2 h_c \gamma_w = 2\pi r T \cos\alpha$$

推导可得

$$h_c = \frac{2T\cos\alpha}{r\gamma_w} \tag{3-1}$$

式中，h_c为毛细水上升高度；T为表面张力；α为表面张力与毛细管壁的夹角；r为毛细管半径；γ_w为水的容重。

在天然土层中，毛细水的上升高度不能简单地直接用式（3-1）计算，这是因为土中的孔隙是不规则的，与圆柱状的毛细管根本不同，特别是土颗粒与水之间积极的物理化学作用，使得天然土层中的毛细现象比毛细管的情况要复杂得多。影响毛细水上升高度的主要因素很多，其中最主要的是：

（1）土的粒度成分和矿物成分。土的粒度成分对毛细水的上升高度影响最明显，不同直径的粒组具有不同的毛细水上升高度和上升速度，一般细粒组比粗粒组上升的高度大，但上升的速度慢得多。

（2）孔隙的大小和土的分层特点。

（3）水溶液的成分、浓度和温度等。毛细水的上升高度一般随水中含盐量的增加而降低。但盐分对毛细水的上升高度有正反两方面的影响，一方面，水中含盐量可以提高其表面张力，毛细水的上升高度随张力的增大而增大；另一方面，水中的盐分又使其密度增大，并使颗粒表面分子水膜厚度增大，从而增加了毛细水上升的阻力，使毛细水的上升高度减小。

（4）时间。粗粒土在较短的时间内会上升至最大高度，而细粒土需要很长时间才能上升至最大高度，有时要历时数月，甚至更长时间。同时上升速度与时间也有关系。

3. 试验设备

测定土的毛细水上升高度的方法有直接观察法和土样管法。直接观察法一般在现场进行，土样管法无论在保持供水的恒水位还是在加传感器、自动模拟地表温度和数据采集等方面都存在诸多困难。为了能真实地模拟当地环境（温度、地下水位和含盐量等）下盐渍土体水分盐分迁移规律，兰州交通大学隧道仿真分析与岩土锚固技术研究所自行研发了一套测定土的毛细水上升高度的智能控制系统，如图 3-1 所示。该系统可以根据需要拼装储土筒体高度，储土筒体中部可埋设温湿度传感器（图 3-1 和图 3-2），下部采用恒水位循环供水系统（图 3-3），上部有自动控制加热系统模拟地表温度（图 3-4），整套系统具有自动控制和数据自动采集功能。

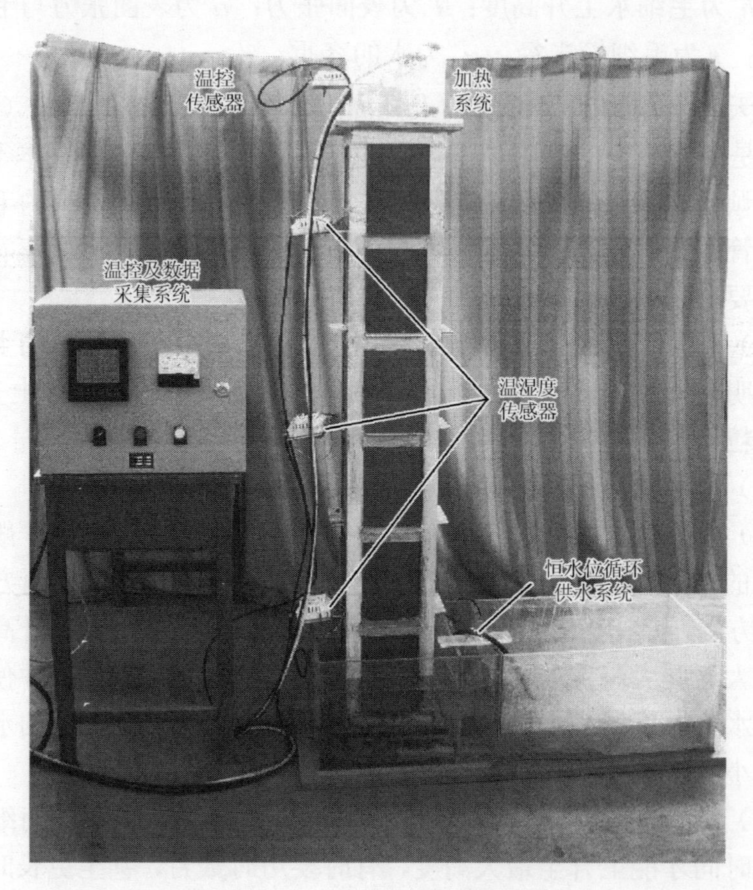

图 3-1　次生盐渍化试验系统

图 3-2　次生盐渍化试验设备之储土筒体

图 3-3　次生盐渍化试验设备之恒水位循环供水系统

4. 试验方案

储土筒体的截面尺寸为 20cm×20cm，高为 1.5m。按预定压实度 0.93 分别计算出每厘米高度土样重量，分层将土样加入储土筒体，用击

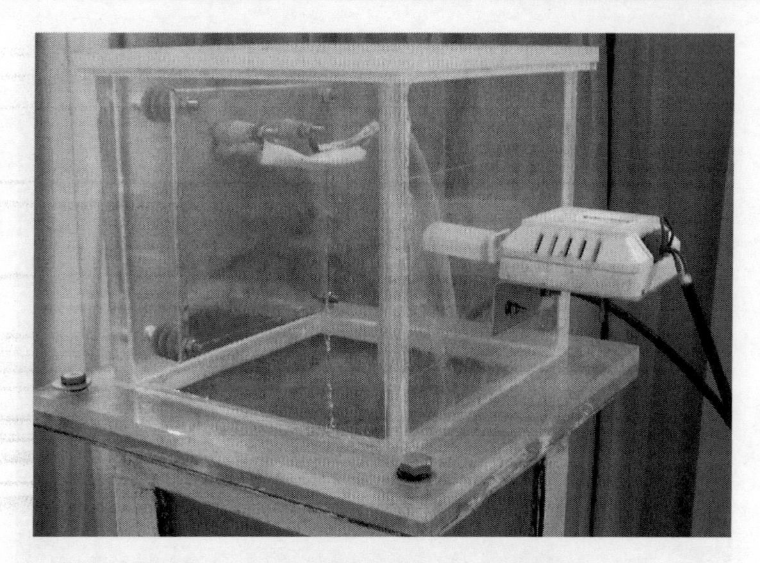

图 3-4　次生盐渍化试验设备之加热系统

实锤均匀击实。储土筒体下端用开有密集小孔的有机玻璃板封住，将装入土样的储土筒体放入水槽中，在试验过程中保持水槽中的水面高度不变并且高出储土筒体筒底 13cm。注入工程所在地的地下水，并采用自动循环供水系统向水槽供水，保持水位不变。利用自动控制加热系统模拟当地地表温度（30～35℃）。采用如图 3-5 所示的全自动控制及数据采集系统进行全程监控和自动采集数据。

图 3-5　次生盐渍化试验设备之全自动控制及数据采集系统

3.3 南疆铁路盐渍土路基病害整治研究

3.3.1 改良配方与试验方案

1. Ⅲ型改良盐渍土进一步优化方案

对上述Ⅰ型、Ⅱ型和Ⅲ型改良盐渍土进行压缩、渗透、无侧限抗压强度和盐胀冻胀试验后发现，Ⅲ-3型改良盐渍土的工程性质和实施效果最好，从降低成本、寻找最佳配合比出发对Ⅲ-3型改良盐渍土进行进一步优化，优化方案如下：

Ⅲ-3-1型：水泥∶粉煤灰∶石灰∶盐渍土＝0.04∶0.15∶0.06∶0.75；

Ⅲ-3-2型：水泥∶粉煤灰∶石灰∶盐渍土＝0.04∶0.10∶0.06∶0.80；

Ⅲ-3-3型：水泥∶粉煤灰∶石灰∶盐渍土＝0.02∶0.20∶0.06∶0.72；

Ⅲ-3-4型：水泥∶粉煤灰∶石灰∶盐渍土＝0.04∶0.20∶0.03∶0.73；

Ⅲ-3-5型：水泥∶粉煤灰∶石灰∶盐渍土＝0.02∶0.10∶0.03∶0.85；

Ⅲ-3-6型：水泥∶粉煤灰∶石灰∶盐渍土＝0.04∶0.10∶0.03∶0.83。

2. 试验方案说明

（1）土样制备要求[8-11]。氯化钙溶液制备，按配方比例所需的氯化钙晶体溶解在试验所需水中。对Ⅰ-1型改良盐渍土，把制备好的氯化钙溶液与盐渍土拌和均匀，然后将拌好的盐渍土用塑料袋捂24h后备用。对Ⅱ-1型改良盐渍土，先将石灰与盐渍土拌和均匀，然后把制备好的氯化钙溶液与石灰盐渍土混合物拌和均匀，最后将拌好的混合物用塑料袋捂24h后备用。对Ⅲ型改良盐渍土，先将石灰、水泥、粉煤灰和盐渍土按配方比例称好并拌和均匀，然后按试验要求含水量加水拌匀，最后将拌好的混合物用塑料袋捂半小时后备用。

（2）试件制备要求。将制备好的土样分层击实在制样筒（内径10cm、高20cm）中，根据试件质量控制压实度，压实系数为0.93±0.002，试验温度为20～25℃。

（3）试件养护要求。重塑盐渍土、Ⅰ-1型和Ⅱ-1型改良盐渍土试件制备好后用塑料袋包裹好，在室内（室温20～30℃）养护，直到试验要求的养护时间（如28天）。Ⅲ型改良盐渍土试件制备好后用塑料袋包裹好，在室内养护 3 天，然后将试件从塑料袋中取出搬到标准养护室养护 7 天（标准养护室：恒湿度 96%，恒温度 25℃），而后把试件从养护室搬出并用塑料袋包裹好，在室内继续养护，直到试验要求的养护时间。

（4）盐胀及冻融试验要求。试验温度为−15～20℃，每次冻融循环后测定土的松胀高度。I-1 型和II-1 型在 10 次冻融循环结束后进行压缩试验；II-1 型和III-1 型在分别冻融循环 3 次、7 次、10 次后进行无侧限抗压强度试验，确定衰减曲线；III-2 型、III-3 型和III-4 型根据III-1 型的衰减曲线决定冻融循环次数，若 10 次强度衰减不明显，则冻融循环次数可达 15 次。

（5）次生盐渍化试验要求。试件试验上部蒸发温度为 30～35℃，试验下部蒸发温度为常温，取盐渍土地下水进行补给，试验时间根据试验情况而定。

（6）试验配方中所用水泥均采用抗硫酸盐水泥。

（7）优化方案是在前几种改良方案的试验基础上并结合III-3 型改良盐渍土做的进一步改进。考虑到取来的盐渍土数量有限，优化方案首先针对 K1417 里程（2006 年 8 月第二次取来的土）处的盐渍土进行无侧限抗压强度（7 天、14 天、28 天和饱水）对比试验，再从中选择两个方案（如III-3-5 型和III-3-6 型改良盐渍土）对 K938+100 和 K1417 做其他试验（渗透、冻融循环后无侧限抗压试验以及次生盐渍化），所做试验要求同前几种方案。饱水是将试件放入自来水中浸泡，直至试件核心土完全浸润。

（8）上述配方的配合比均是干灰质量比。

3.3.2 改良盐渍土常规试验对比研究

1. 盐渍土颗粒分析

按照试验标准，首先称取风干的原土样 2000g，用四分法取土样 500g 洗盐，当盐洗净时，将漏斗上的土样细心洗下，风干后进行浸泡、煮沸，过 0.075mm 筛；其次将 0.075mm 筛上的土样烘干后用筛分法来确定大于某一粒径的颗粒占土样总质量的百分数；再次将 0.075mm 筛下的土样用比重计法来确定小于某一粒径的颗粒占土样总质量的百分数；最后分析出干土中各粒组所占该土总质量的百分数。试验结果如表 3-4 和表 3-5 所示，粒径分布曲线如图 3-6 所示。

表 3-4　原土样的颗粒分析（筛分法）

土样编号	颗粒组成百分比/%					
	＜5mm	＜2mm	＜1mm	＜0.5mm	＜0.25mm	＜0.075mm
K938+100	99.65	98.38	97.67	92.35	86.13	62.38
K1416	94.24	90.98	90.18	88.02	86.28	71.36

表 3-5　原土样的颗粒分析（比重计法）

土样编号	颗粒组成百分比/%				
	＜0.06mm	＜0.01mm	＜0.007mm	＜0.005mm	＜0.001mm
K938+100	53.24	7.27	5.95	4.63	4.46
K1416	61.28	6.05	5.30	4.16	3.78

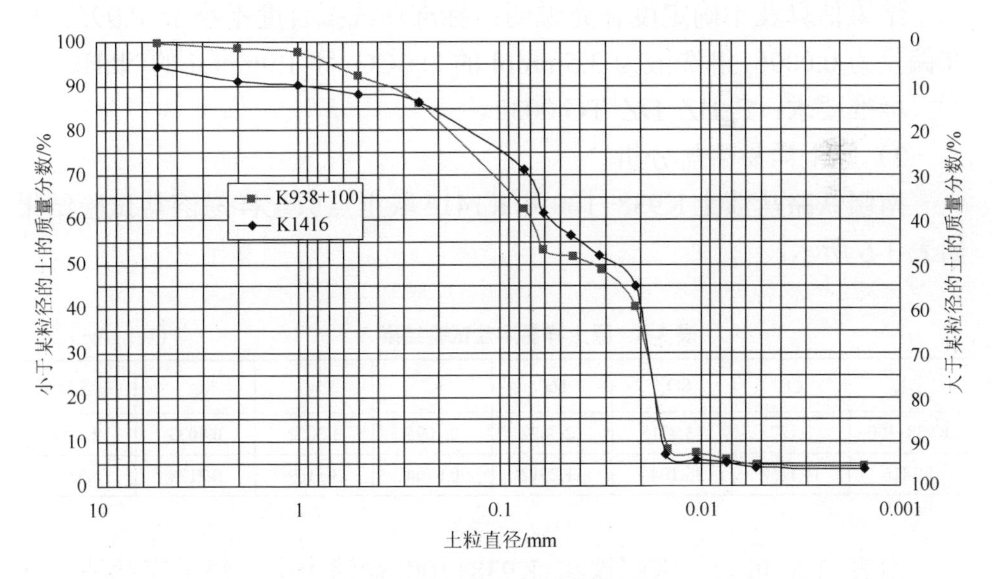

图 3-6　粒径分布曲线

颗粒级配同时满足不均匀系数 $C_u \geqslant 5$ 和曲率系数 $C_c = 1 \sim 3$ 的称为级配良好，不能同时满足的称为级配不良。计算可知，K938+100 的不均匀系数为 4.1，曲率系数为 0.26；K1416 的不均匀系数为 2.9，曲率系数为 0.34。表明这两个取土点的颗粒级配均属于级配不良，为粉质黏土。

2. 盐渍土易溶盐分析

1）仪器及试验条件

检验仪器及编号（阴离子）：MDJX/YQ-002-04 离子色谱仪 ICS90。

检验仪器及编号（阳离子）：MDJX/YQ-001-04 原子吸收光谱仪 S2 AA System。

检验时仪器参数（阴离子）：本底电导率 20.53μs/cm，压力 1783psi（1psi = 0.007MPa）。

检验时仪器参数（阳离子）：带宽 0.2nm，火焰为空气-乙炔。

检验时仪器参数：压力 1785psi；本底电导率 20.53μs/cm；带宽 0.2nm；火焰为空气-乙炔。

样品保存条件：避光风干保存。

检验环境条件（包括温湿度、压强等）：温度 19℃，湿度 35%。

结果估算及不确定度补充说明：标准曲线拟合度不小于 0.995，标准偏差为 0.0006，淋洗液为 3.5mmol 的 Na_2CO_3 和 1.0mmol 的 $NaHCO_3$。

标准要求：F_HZ_DZ_TG 0032。

2）原土样易溶盐分析

南疆铁路盐渍土 K938+100 和 K1416 取土点原土样易溶盐试验结果如表 3-6 所示。

表 3-6 原土样易溶盐试验结果 （单位：g/kg）

名称	Cl^-	SO_4^{2-}	Na^+	K^+	Ca^{2+}	Mg^{2+}	总含盐量
K938+100	3.1278	13.7715	2.7622	0.1091	1.3052	0.4033	2.15%
K1416	14.1258	36.1044	11.2912	0.0704	3.5169	0.2178	6.53%

由表 3-6 可知，南疆铁路 K938+100 盐渍土中，每千克盐渍土含 Cl^- 3.1278g，含 SO_4^{2-} 13.7715g，因 Cl^- 和 SO_4^{2-} 的摩尔质量分别为 35.5g/mol、96g/mol，所以 Cl^- 和 SO_4^{2-} 的质量摩尔浓度分别为

$$b(Cl^-) = 0.0881\text{mmol/kg}, \quad b(SO_4^{2-}) = 0.1435\text{mmol/kg}$$

由此计算可得到盐分比值为

$$D_1 = \frac{b(\mathrm{Cl}^-)}{2b(\mathrm{SO}_4^{2-})} = \frac{0.0881}{2\times 0.1435} = 0.307$$

$$1 \geqslant D_1 \geqslant 0.3$$

根据《铁路特殊路基设计规范》（TB 10035—2006）的规定，南疆铁路 K938+100 盐渍土判定为亚硫酸盐渍土，含盐量为 2.15%，属于强盐渍土。

同理，由表 3-6 可知，南疆铁路 K1416 盐渍土中，每千克盐渍土含 Cl^- 14.1258g，含 SO_4^{2-} 36.1044g，因 Cl^-和 SO_4^{2-} 的摩尔质量分别为 35.5g/mol、96g/mol，所以 Cl^-和 SO_4^{2-} 的质量摩尔浓度分别为

$$b(\mathrm{Cl}^-) = 0.3979\mathrm{mmol/kg}, \quad b(\mathrm{SO}_4^{2-}) = 0.3761\mathrm{mmol/kg}$$

由此计算可得到盐分比值为

$$D_1 = \frac{b(\mathrm{Cl}^-)}{2b(\mathrm{SO}_4^{2-})} = \frac{0.3979}{2\times 0.3761} = 0.529$$

$$1 \geqslant D_1 \geqslant 0.3$$

根据《铁路特殊路基设计规范》（TB 10035—2006）的规定，南疆铁路 K1416 盐渍土判定为亚硫酸盐渍土，含盐量为 6.53%，属于超盐渍土。

3. 改良盐渍土易溶盐分析

南疆铁路 K1416 改良盐渍土易溶盐试验结果如表 3-7 所示。

表 3-7 K1416 改良盐渍土易溶盐试验结果 （单位：g/kg）

名称	Cl^-	SO_4^{2-}	Na^+	K^+	Ca^{2+}	Mg^{2+}
Ⅰ-1	24.026	21.404	11.21745	0.19380	20.1508	7.5112
Ⅱ-1	18.1568	16.9924	13.54305	0.50388	24.2032	0.0477
Ⅲ-1	6.3288	15.1924	7.3236	1.64475	6.4314	0.0301
Ⅲ-2	6.1154	14.9752	7.53627	1.35966	6.0338	0.0266
Ⅲ-3	6.8416	9.0036	13.42881	1.41423	4.3586	0.0152
Ⅲ-4	5.0982	2.6471	8.20794	1.79520	5.823	0.012

由表 3-7 可以看出，盐渍土经改良后盐分有比较大的调整，这可以从以下的反应方程式得到解释。

Ⅰ-1 型改良盐渍土掺入的氯化钙（5%）与盐渍土中的硫酸钠反应生成二水硫酸钙，即

$$Na_2SO_4 \cdot 10H_2O + CaCl_2 = CaSO_4 \cdot 2H_2O + 2NaCl + 8H_2O \quad (3\text{-}2)$$

硫酸钙是中溶盐，改良后土中的SO_4^{2-}明显降低，生成的氯化钠和没有消耗完的氯化钙均是易溶盐，Cl^-含量增加。

Ⅱ-1 型改良盐渍土掺入 3%氯化钙和 8%石灰，盐渍土中的硫酸钠与掺入氢氧化钙反应生成二水硫酸钙，即

$$Na_2SO_4 \cdot 10H_2O + Ca(OH)_2 = CaSO_4 \cdot 2H_2O + 2NaOH + 8H_2O \quad (3\text{-}3)$$

氯化镁和硫酸镁与氢氧化钙发生如下反应：

$$MgCl_2 + Ca(OH)_2 = CaCl_2 + Mg(OH)_2 \quad (3\text{-}4)$$

$$MgSO_4 + Ca(OH)_2 + 2H_2O = CaSO_4 \cdot 2H_2O + Mg(OH)_2 \quad (3\text{-}5)$$

由反应式（3-2）～反应式（3-5）可以看出，掺入物与盐渍土发生化学反应生成中溶盐石膏（二水硫酸钙）、氯化钠和难溶盐氢氧化镁，SO_4^{2-}含量明显降低，Cl^-和 Ca^{2+}含量有所增加，这是由于掺入物为氯化钙和石灰，带入 Cl^-和 Ca^{2+}含量。两种改良类型由于掺入物的种类和比例不同，Ⅱ-1 型改良盐渍土SO_4^{2-}含量降低得多而Cl^-含量增加得少。

Ⅲ型改良盐渍土中的易溶硫酸盐与掺入的粉煤灰、水泥、石灰等发生如下反应：

$$SiO_2+xCa(OH)_2+nH_2O = xCaO \cdot SiO_2 \cdot mH_2O \quad (3\text{-}6)$$

$$Al_2O_3+xCa(OH)_2+nH_2O = xCaO \cdot Al_2O_3 \cdot mH_2O \quad (3\text{-}7)$$

$$Al_2O_3+xCa(OH)_2+yCO_2+nH_2O = xCaO \cdot Al_2O_3 \cdot yCaCO_3 \cdot mH_2O \quad (3\text{-}8)$$

$$Fe_2O_3+xCa(OH)_2+nH_2O = xCaO \cdot Fe_2O_3 \cdot mH_2O \quad (3\text{-}9)$$

从上面的反应式可以看出，Ⅲ-1 型、Ⅲ-2 型、Ⅲ-3 型改良盐渍土中掺入粉煤灰的量依次是 30%、25%和 20%，掺入水泥和石灰的量相同（4%和 6%），Ⅲ-4 型改良盐渍土掺入 27%粉煤灰、9%水泥和 9%

石灰。掺入物之间以及与盐渍土之间发生复杂的物理化学反应，生成水化硅酸钙、水化铝酸钙、水化碳铝酸钙、水化铁酸钙及水化硫铝酸钙等排列不规则的纤维状、针状、蜂窝状及片状晶体，有效地降低了易溶硫酸盐的含量。盐分降低的程度还取决于掺入物之间的比例，Ⅲ-1 型和Ⅲ-2 型改良盐渍土中掺入粉煤灰的量虽然比Ⅲ-3 型改良盐渍土高，但是Ⅲ-3 型改良盐渍土的降盐效果比Ⅲ-1 型和Ⅲ-2 型改良盐渍土好。

改良后盐渍土中易溶盐含量均有不同程度的降低，Ⅲ型改良盐渍土的降盐效果优于 I-1 型和Ⅱ-1 型改良盐渍土，Ⅲ型改良盐渍土中掺入物量最少且降盐效果最好的是Ⅲ-3 型改良盐渍土。

3.3.3 改良盐渍土毛细水上升及次生盐渍化现象试验对比研究

为了全面地研究重塑盐渍土和改良盐渍土的毛细水上升及次生盐渍化现象，弄清水分盐分迁移规律，本书采用自行研发的一套测定土的毛细水上升高度的智能控制系统进行试验研究。

1. K938+100 Ⅲ-4 型改良盐渍土毛细水上升试验

根据Ⅲ-4 型改良盐渍土的配方（水泥 9%、粉煤灰 27%、石灰 9%、盐渍土 55%）和最大干密度（1.64g/cm^3）及最优含水率（14%）制备土样，分层均匀击实到储土筒体，压实系数为 0.93。模拟地表温度为 30～35℃，试验室内温度为 28℃，土体中埋设温湿度传感器，自动采集数据。储土筒体浸水深度为 13cm。试验开始时间是 2006 年 8 月 7 日 17: 00。图 3-7 给出了 K938+100 Ⅲ-4 型改良盐渍土含水率与土柱高度的关系。可以看出，稳定水位面在 30cm 以下时含水率是逐渐减小的，0～30cm 段是毛细水上升段；在 30～110cm 时含水率基本没有大的变化，这段是平衡段，在 110cm 至顶部时含水率又急剧减小，顶部的含水率因烘干几乎为零。通过该曲线判断 K938+100 Ⅲ-4 型改良盐渍土毛细水上升的高度为 30cm。

图 3-8 是 K938+100 Ⅲ-4 型改良盐渍土温度和含水率沿土柱高度的变化曲线。可以看出，土中温度从储土筒顶部加热系统处的 35℃沿高度递减，在到达土柱初始含水率区段的上端高度位置时降温速率突然减缓，温度梯度与含水率的变化规律符合逻辑关系。

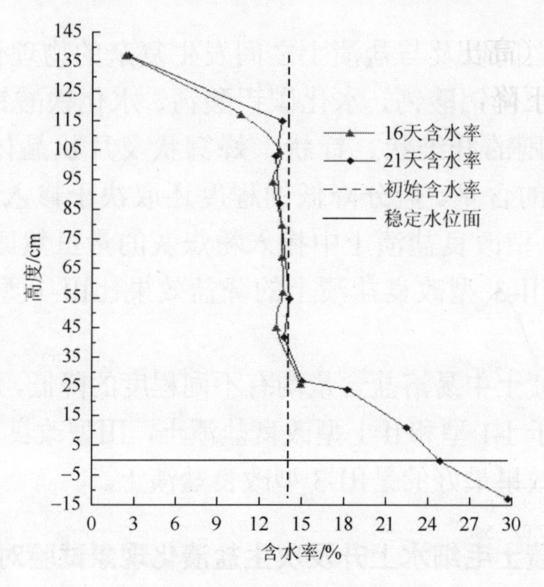

图 3-7　Ⅲ-4 型改良盐渍土含水率与高度关系（K938+100）

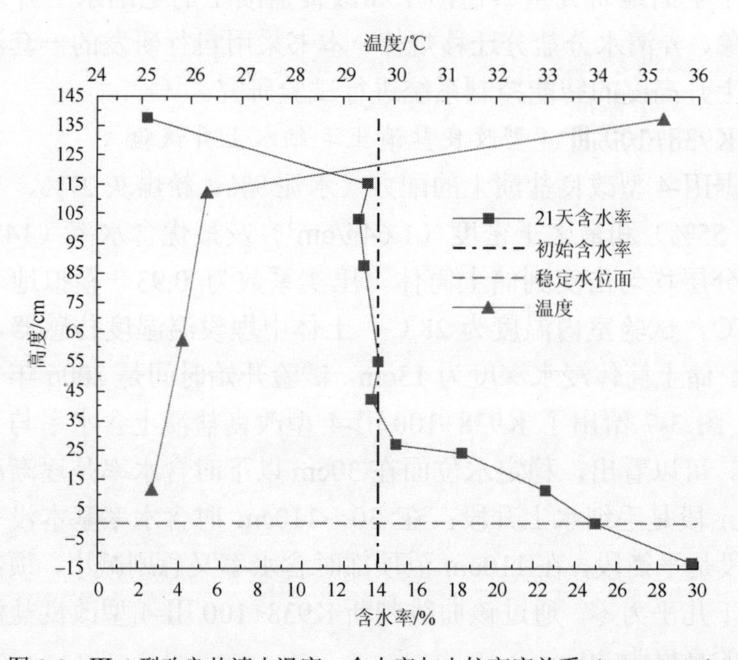

图 3-8　Ⅲ-4 型改良盐渍土温度、含水率与土柱高度关系（K938+100）

图 3-9 表示土柱各截面温度随时间的变化曲线。可以看出，试验初始阶段各处温度接近室温，约 28℃，顶部加热系统处的控制温度约 35℃（加热系统温控低于 35℃自动启动）。土柱的上部（高出水面

112cm）、中部（高出水面 62cm）和下部（高出水面 12cm）监控温度随着时间不断下降，这主要是毛细水上来后导致土柱温度下降。试验进行 17 天后土中温度开始稳定，表明毛细水上升已达最大高度，这与图 3-7 试验结果基本吻合。

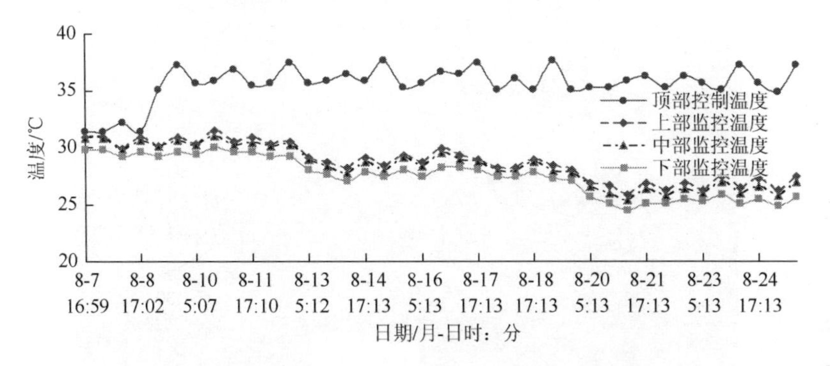

图 3-9 Ⅲ-4 型改良盐渍土温度与时间关系（K938+100）

2. K938 重塑盐渍土毛细水上升及次生盐渍化现象试验

K938 重塑盐渍土毛细水上升试验获得的含水率与毛细水上升高度关系如图 3-10 所示。由图中可初步推断其毛细水上升高度约为 90cm。

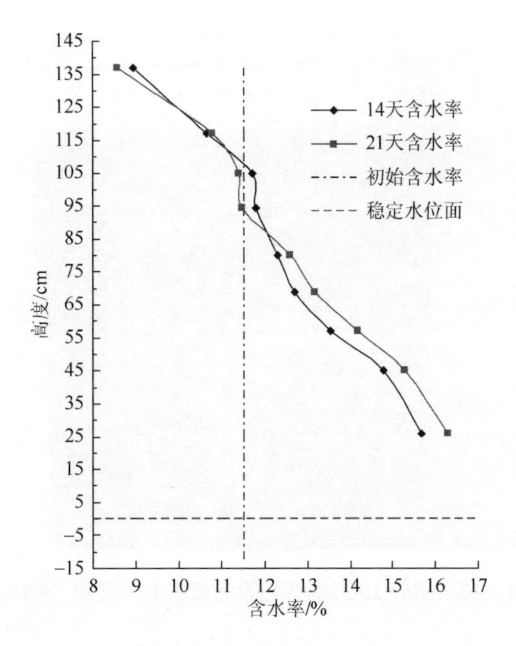

图 3-10 重塑盐渍土含水率与高度关系（K938）

图 3-11 显示试样表面似有泛盐现象，并形成一层硬壳，壳下面的土体比壳上的土体潮湿。图 3-12 是肉眼观察到的毛细水上升位置，约在水面以上 90cm 处。

图 3-11　试验 20 天试样土柱顶面照片（K938）

图 3-12　试验 20 天观察到的毛细水上升位置（K938）

图 3-13～图 3-15 是试验土柱自上而下三个放置温湿度传感器的地

方，其中距水源最近的地方（图 3-13，高出水面 12cm）泛盐现象非常明显，中间的（图 3-14，高出水面 62cm）可以看出有泛盐现象，而上面的（图 3-15，高出水面 112cm）很难看出泛盐现象。这里验证了盐分向低温处迁移。

图 3-13 试验 20 天水面上 12cm 传感器位置照片

图 3-14 试验 20 天水面上 62cm 传感器位置照片

从各处泛盐程度的不同可以估计毛细水上升的高度为 62～112cm，从另一侧面印证了图 3-10 所示试验结果及图 3-12 所示肉眼观察结果。

图 3-15　试验 20 天水面上 112cm 传感器位置照片

图 3-16 是 K938 重塑盐渍土温度和含水率沿土柱高度的变化曲线。可以看出，土中温度从储土筒顶部加热系统处的 35℃沿高度递减，在达到土柱初始含水率相应区段的上端高度位置时降温速率突然转缓。温度梯度与含水率的变化规律符合逻辑关系。试验室温是 21℃，毛细水的上升导致土体温度下降，图 3-16 所示曲线进一步说明毛细水上升高度为 90cm。现场测得 K938 毛细水上升高度为 1.3～1.7m，室内试验与现场结果有差距，这与压实系数、土体分层等因素都有关。

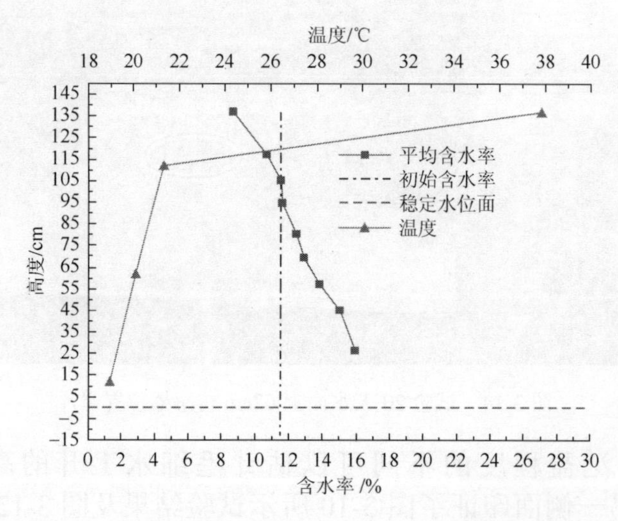

图 3-16　重塑盐渍土温度、含水率与高度关系（K938）

3. K938Ⅲ-3 型改良盐渍土毛细水上升及次生盐渍化现象试验

根据 K938 Ⅲ-3 型改良盐渍土最大干密度（1.69g/cm^3）和最优含水率（14%）制备土样并捂半小时后，分层击实到储土筒体，储土筒体高 1.0m，截面尺寸为 0.2m×0.2m，压实系数为 0.93。模拟地表温度为 40℃，试验室内温度为 20～25℃，土体中埋设温度传感器，自动数据采集。储土筒体浸水深度为 13cm。第一次试验时间是 2007 年 4 月 5 日 17 时到 2007 年 4 月 20 日 17 时，第二次试验时间是 2007 年 5 月 5 日 15 时到 2007 年 5 月 20 日 15 时。

K938 Ⅲ-3 型改良盐渍土含水率随高度变化曲线如图 3-17 所示。图中“第一次试验含水率”和“第二次试验含水率”表示两次并行试验，即 4 月 20 日结束第一次次生盐渍化试验，从击实筒中掏出试验土，并根据观察预估的毛细水分布情况取土，测各剖面土样含水率分布；5 月 20 日结束第二次次生盐渍化试验，取土测得各剖面土样含水率分布。

图 3-17 中“零”高度处是稳定水位面，可以看出 0～40cm 是毛细水上升段，40～70cm 含水率基本没有大的变化，这段是平衡段，70cm 至顶部含水率又急剧减小。通过该曲线可以判断 K938 Ⅲ-3 型改良盐渍土毛细水上升高度约为 40cm。

对比图 3-17 和图 3-7 可以看出，盐渍土经水泥、石灰和粉煤灰等掺入物改良后毛细水的分布规律基本一致，并且能有效地抑制次生盐渍化现象。

图 3-18 是 K938 Ⅲ-3 型改良盐渍土温度和含水率沿土柱高度的变化曲线。“零”高度处是稳定水位面，此处温度代表试验水温，由于第二次试验的室温高出第一次试验室温 2～3℃，导致第二次试验时的水温高于第一次。土中温度从储土筒顶部加热系统处的 40℃沿高度递减，在到达土柱初始含水率区段的上端高度位置时降温速率突然减缓，温度梯度与含水率的变化规律符合逻辑关系。

3.3.4　改良盐渍土盐胀冻胀试验对比研究

路基土盐胀的形成，是土中液态或粉末状硫酸钠在外界条件变化时吸水结晶而产生体积膨胀造成的。土体硫酸钠的存在及迁移聚积是造成

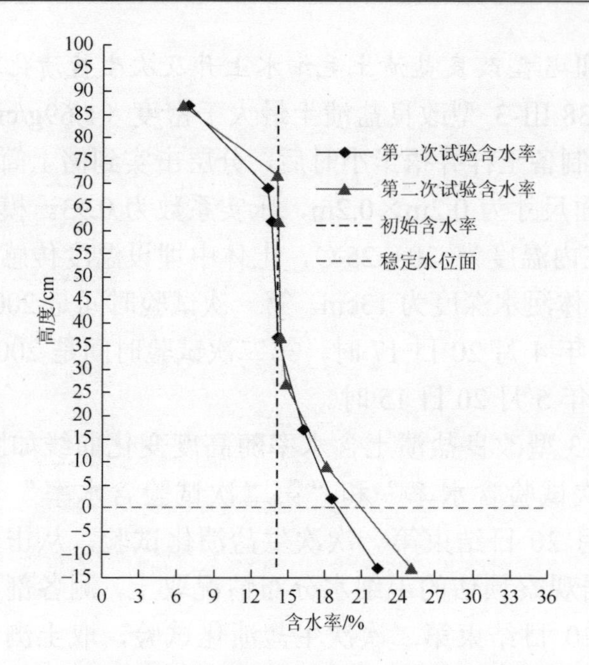

图 3-17　Ⅲ-3 型改良盐渍土含水率与高度关系的平行试验对比（K938）

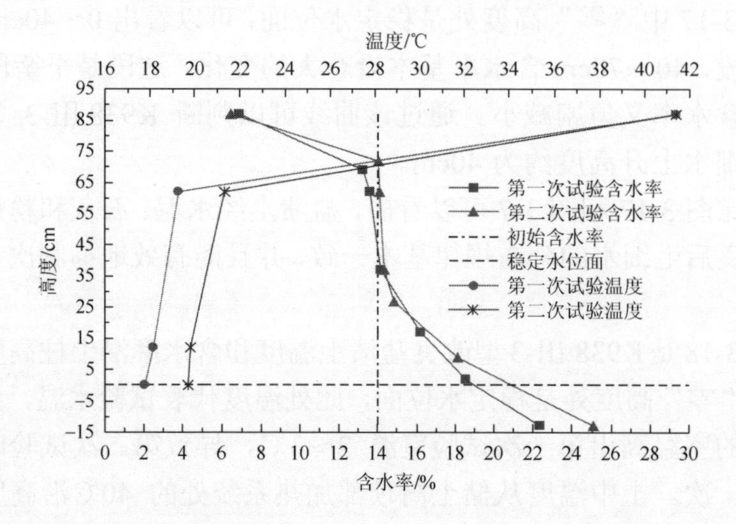

图 3-18　Ⅲ-3 型改良盐渍土温度、含水率与高度关系的平行试验对比（K938）

盐胀的物质基础。当温度低于 0℃时，土体中既有盐胀，也有冻胀。土中部分自由水结成冻晶体析出，体积增大产生膨胀。而随着冻胀的发生，土体中液相水不断变成固相，溶于液相中的硫酸钠浓度逐渐增大到饱和溶解度，析出晶体产生盐胀。

1. 盐渍土盐胀基本理论

（1）硫酸钠的主要物理性质。硫酸钠又称无水芒硝，多为无色透明，易溶。溶于水后其水溶液对温度变化极为敏感，其溶解度曲线如图 3-19 所示。由图可知，在–15～32℃，随温度升高，硫酸钠的溶解度逐渐增大；在 33～60℃，随温度升高，溶解度逐渐降低。32℃之前的溶解度变化幅度远大于 32℃之后。

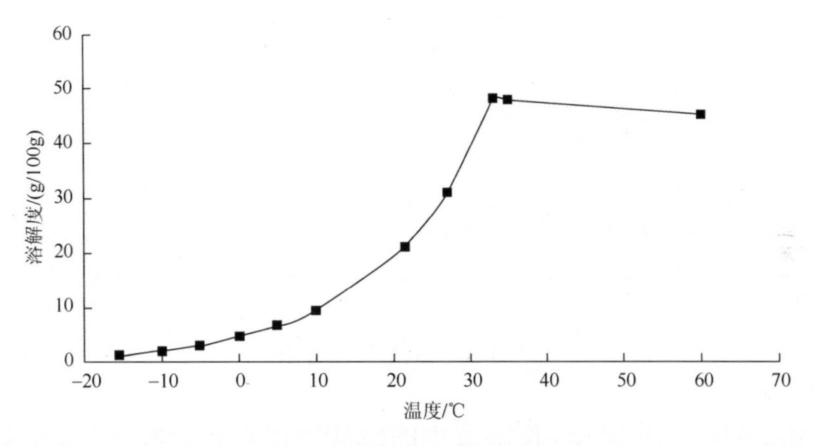

图 3-19　硫酸钠的溶解度曲线

反应方程式为

$$Na_2SO_4+10H_2O \longrightarrow Na_2SO_4\cdot 10H_2O$$

硫酸钠吸水结晶，其体积增大的比值可以由式（3-10）求得：

$$\varepsilon_V=\frac{\dfrac{W_1}{G_1}-\dfrac{W_2}{G_2}}{\dfrac{W_2}{G_2}}=\left(\frac{W_1}{G_1}-\frac{W_2}{G_2}\right)\frac{G_2}{W_2} \tag{3-10}$$

式中，ε_V 为硫酸钠结晶后体积增大倍数；W_1 为结晶硫酸钠的重量；G_1 为结晶硫酸钠的密度；W_2 为无水硫酸钠的重量；G_2 为无水硫酸钠的密度。

将相关数据代入式（3-10）得

$$\varepsilon_V=\left(\frac{322}{1.48}-\frac{142}{2.68}\right)\times\frac{2.68}{142}\approx 3.18 \tag{3-11}$$

从式（3-11）可以看出，无水硫酸钠吸水变成芒硝晶体，其体积将增大 3.18 倍，体积膨胀率为 318%。

在溶液中随着温度的降低，硫酸钠的溶解度迅速减小，因而溶液很快饱和，如图 3-20 所示，但此时溶液虽已饱和，结晶体却尚未形成。

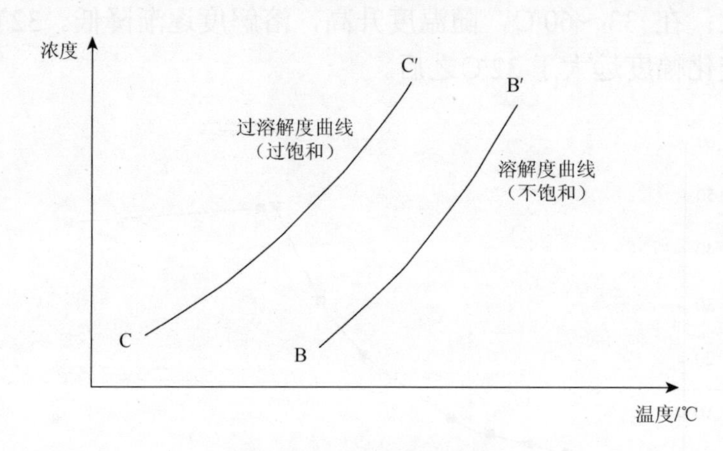

图 3-20　结晶过程示意图

温度的进一步降低，使溶液中的硫酸钠出现过饱和现象，见图 3-20 中过饱和曲线。在溶液达到过饱和曲线以后，无论温度降低还是溶液中出现“晶核”，结晶体即会大量析出，并使溶液的状态从溶解度过饱和曲线回到溶解度曲线位置。此后，随着温度的变化，根据溶液饱和性原理，溶液中硫酸钠晶体的量随温度的升高而减少或随温度的降低而增加。这是硫酸钠在纯溶液中的结晶状况，而在土体中硫酸钠的结晶状况要比纯溶液中复杂得多，主要原因是盐渍土为多相体系（包括土颗粒、水、气、晶体），硫酸钠的结晶膨胀受到许多因素的限制，如含水率、含盐量、土的性质、土的种类、盐的种类、上覆荷载等。

（2）封闭系统下硫酸钠盐渍土在降温过程中的盐分迁移。在盐渍土中元素的迁移主要有以下几种方式：①渗流迁移，即水在土中渗流时盐分随水一起迁移；②扩散迁移，即盐分在压力或温度梯度作用下所发生的迁移；③渗流-扩散混合迁移，即在降温冻结过程中盐分发生渗流与扩散混合迁移。对渗流-扩散混合类型来说，盐分迁移的总量可由式（3-12）计算：

$$I = I_T + I_C + I_P + I_W \tag{3-12}$$

式中，I_T 为温度梯度所造成的物质迁移总量；I_C 为浓度梯度所造成的物质迁移总量；I_P 为压力梯度所造成的物质迁移总量；I_W 为渗流迁移所造成的物质迁移总量。

试样盐分迁移主要是由温度梯度、浓度梯度和渗流梯度共同作用而成。盐分的运动规律是由温度较高处向较低处迁移，迁移强度顺序为 $Cl^- > SO_4^{2-} > HCO_3^-$、$Na^+ > Mg^{2+} > Ca^{2+}$，土体中硫酸钠在降温中析水结晶并伴随体积膨胀是产生盐胀的根源。

由温度梯度所造成的迁移作用本质如下：根据 Einstein-Brown 方程，微粒平均位移的平方与热力学温度成正比。在单位时间内低温侧离子跳跃距离小，高温侧则较大。于是在单位时间内，由高温侧跃向低温侧的离子数目多于反向移动的离子数目。这样就呈现低温侧浓度下降比高温侧大，出现了浓度梯度，使盐分由浓度高处向浓度低处扩散。

降温过程中浓度迁移作用的本质如下：当试样在高低两侧都已达到晶体析出的温度时，盐分的析出使土样中的溶液浓度降低，而且低温侧结晶数量比高温侧多，因而低温侧的盐浓度下降比高温侧大，这样由高温侧至低温侧就存在浓度梯度，使盐分由高温侧向低温侧扩散。

渗流所产生的迁移作用的基本原理如下：在降温过程中，Na_2SO_4 要结合水生成 $Na_2SO_4 \cdot 10H_2O$，由于低温侧结晶析出的 Na_2SO_4 要比高温侧多，因而低温侧的含水率和高温侧不一样，造成了含水率的不平衡，形成水力梯度，使盐分和水分一起向低温侧迁移。

2. 盐渍土冻胀理论

气温降到 0℃以下时，土体中的自由水开始结冰。土冻结后体积常有不同程度的膨胀，称为冻胀。较强的冻胀能使地面明显隆起，当气温回升后，地面冻结部分就会融化，对建筑物、路基等造成严重破坏。冻胀可分为原位冻胀和分凝冻胀。孔隙水原位冻结，造成体积增大 9%，而由外界水分补给并在土中迁移至某个位置冻结，体积则增大 1.09 倍。因此，开放系统饱和土中分凝冻胀是构成土体冻胀的主要分量。分凝冻胀的机理应包括两个物理过程：土中水分迁移和成冰作用。一般条件下，土体的冻胀程度主要取决于水分迁移通量 q。假设达西定律仍然适用于冻土中水分迁移流，则一维条件下水分迁移通量 q 可表示为

$$q=K_{\mathrm{W}}\frac{\mathrm{d}p}{\mathrm{d}z} \tag{3-13}$$

式中，K_{W} 为冻土的导湿系数；$\mathrm{d}p/\mathrm{d}z$ 为土水势梯度。

在不同的初始条件和边界条件下，土水势梯度可分别由重力势、压力势、渗压势、温度势、电力势和磁力势梯度中某一项或几项之和组成。

封闭系统下硫酸钠盐渍土在降温过程中的水分迁移的影响因素如下：

（1）水分迁移的原动力。盐渍土在降温过程中水分迁移原动力的一种普遍提法叫作吸着力，即一系列分子作用力。为了确定原动力的数值，曾提过下列 14 种假设：毛细力，液体内部的静压力，结晶力，蒸汽状态水的位移，气压液泡，允吸力，渗透压力，电渗力，真空吸力，化学势，趋向冻结锋面的液压降低，冻结带中的液压梯度，冻结带中的自发孔隙充填和冰压力梯度。因为在自然条件下，水分迁移取决于力学因素、物理因素和物理化学因素的总和，所以上述每一种假设都只能代表某种特定条件下的水分迁移的原动力。

（2）影响水分迁移驱动力的基本要素。从热力学的观点看，土水体系中的水分迁移是由该体系中的水处于不平衡状态引起的。这种不平衡状态是由许多力，包括物理、物理化学、力学和水分迁移期间产生的其他过程综合作用的结果，可以认为：温度、未冻水含量和土水势是盐渍土中水分迁移的三大要素。

①温度的影响。温度是导致土中水相变化、制约冻土中未冻水含量以及土水势的一个主导因素。温度控制了土体的温度梯度、水分迁移的方向、速度和迁移量。若降温速率大，在降温过程中，水分没有充裕时间向上方冷端迁移聚集，故水分迁移量小，反之则水分迁移量大。

②未冻水对水分迁移的影响。未冻水指土冻结后，未能变成固态冰的那部分液态水。当盐渍土中的温度达到负温后，并非土中所有的液态水已经全部转变成固态冰，其中始终保持一定数量的未冻水。冻

土中未冻水的含量主要取决于三大要素：土质（包括土颗粒的矿物化学成分、分散度、含水率、密度、水溶液的成分和浓度）、外界条件（包括温度和压力）和冻融历史。未冻水迁移是气、液和固相迁移中的主要方式。

③土水势。土水势是土壤水的自由能与标准状态下（在标准压力 P_0、温度 T_0 和高度 H_0 水槽中）水的自由能之间的差值。总水势由影响土壤水能量状态的各种因素作用的总和组成，即重力场、由于溶质存在造成的渗透力、由液相和固相分界面产生的吸附力、由液相和土壤空气分界面产生的弯液面力及土壤气相的水汽压力。

在某些情况下，并非上述所列举的因素都对土壤水产生影响，而只是其中的某些因素在起作用，因此将总水势分为重力势、渗透势、压力势三大类。

3. 盐渍土冻胀盐胀试验

1）试验设备及方案

试验采用的主要设备：低温箱、PVC 管、游标卡尺、温度计等。

试件制作方法：将内径为 10.36cm 的 PVC 管材切割成高度为 15cm 的小筒子，高度误差为±0.15cm，并将两个切割面用砂纸磨平。I-1 型改良土根据最优含水率将氯化钙溶于水，而后与盐渍土拌和均匀，捂 24h 开始制样；II-1 型改良土先将石灰与盐渍土拌和均匀，而后根据最优含水率将氯化钙溶于水，将氯化钙水溶液与石灰盐渍土混合物拌和均匀，捂 24h 后开始制样；III型改良土根据配方先将石灰、粉煤灰、水泥和盐渍土拌均匀，然后根据最优含水率将水加入，再次拌匀，捂半小时后开始制样。将拌好的土样分层击实到切割好的 PVC 小筒子中，压实系数为 0.93，误差为±0.002，制好后将两端刮平。每一种配方各制两个试件。

试件的养护方式：重塑土和 I-1 型、II-1 型改良盐渍土试件制作好后用塑料袋包好在室内养护 28 天。III型改良盐渍土试件制作好后用塑料袋包好放置 3 天，然后把试件从塑料袋中取出放在标准养护室（恒湿度 96%，恒温度 25℃）养护 7 天，而后把养护室内的试件搬出并用塑料袋包好放在室内（室温 20～30℃）再养护 18 天，试件自制作好起 28 天后放在制冷机中做冻融循环试验。

冻融循环方法：将养护 28 天且密封在塑料袋中的试件放入低温箱。低温箱内空腔温度为–15℃，误差为±1℃。在低温箱中冻 24h 后拿出来放在室温（20～30℃）中融化 24h，称为一次冻融循环。在冻融循环过程中试件始终密封在塑料袋中。装在 PVC 小筒子的土样侧向受筒壁约束，两端自由，在冻融循环过程中沿两个自由端发生冻胀融沉。

试件测试方法：每次冻结束和融结束后用游标卡尺分别测一次高度变化，取两个试件的平均值。

2）试验结果及分析

（1）K938+100 试验结果及分析。重塑盐渍土及各种配方改良型土的膨胀量（以试件高度变化分析）随冻融循环次数的变化情况如图 3-21～图 3-23 所示。由图可知，重塑土、Ⅰ-1 型和Ⅱ-1 型改良盐渍土的膨胀率基本上随着冻融循环次数的增加呈上升趋势，经过不超过 10 次的冻融循环后趋于常数，表示不再有盐胀冻胀变形的增加。由图 3-24 可知，重塑土的膨胀率最大，其次是Ⅱ-1 型和Ⅰ-1 型改良盐渍土，氯化钙（氯盐）的加入有效地降低了盐渍土的盐胀，因氯化钙吸水性强，可以吸收 4.5 倍的水分，而且氯化钙与盐渍土中的硫酸钠反应生成二水硫酸钙，结合了一部分自由水。在低温下，试件所产生的膨胀主要是由冻胀和盐胀引起的，Ⅱ-1 型改良盐渍土中添加的氯化钙小于Ⅰ-1 型，而且最优含水率大于Ⅰ-1 型，因而其膨胀率大于Ⅰ-1 型。

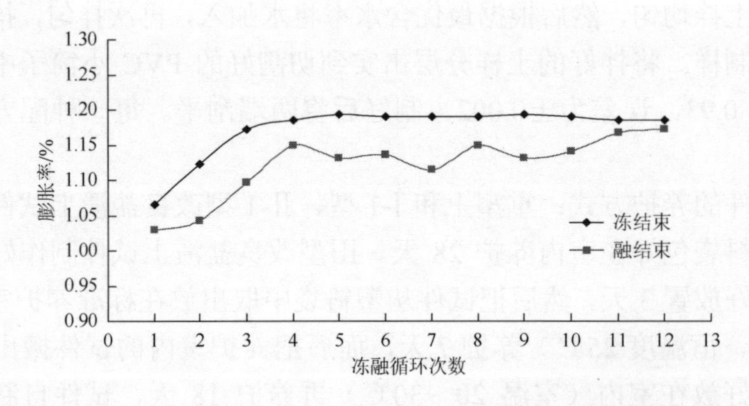

图 3-21 重塑盐渍土膨胀率与循环次数关系曲线（K938+100）

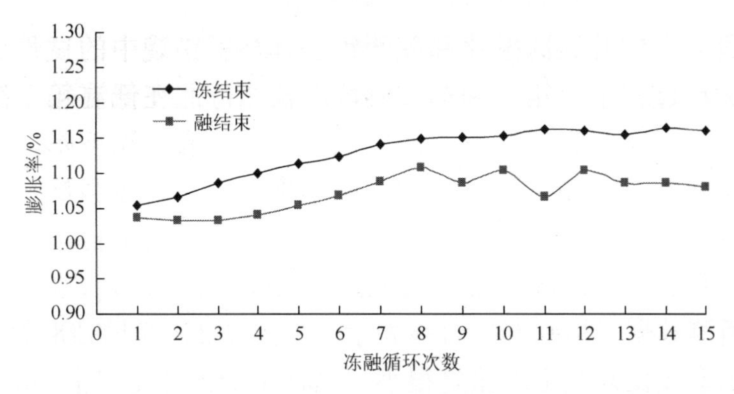

图 3-22 Ⅰ-1 型改良盐渍土膨胀率与循环次数关系曲线（K938+100）

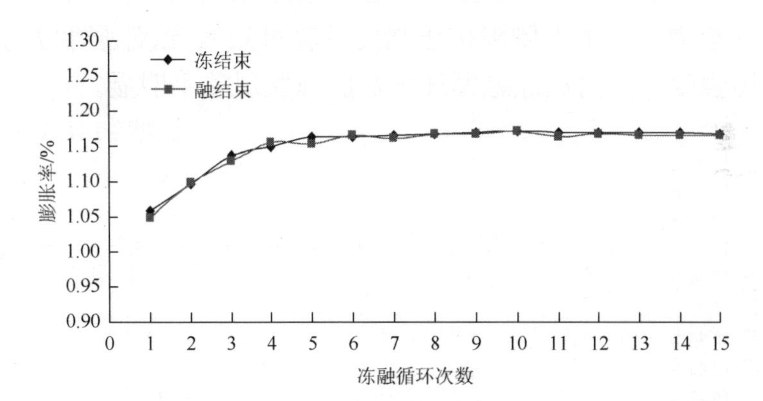

图 3-23 Ⅱ-1 型改良盐渍土膨胀率与循环次数关系曲线（K938+100）

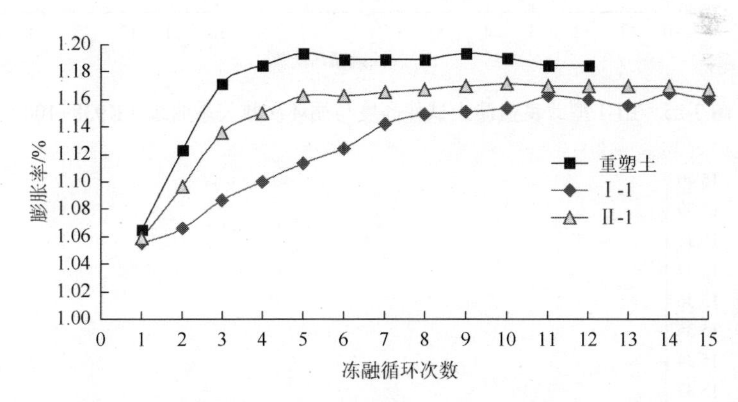

图 3-24 重塑土、Ⅰ-1 型和Ⅱ-1 型改良土膨胀率与循环次数关系曲线（K938+100）

在进行多次冻融盐胀冻胀试验时，每一次冻融循环可分为三个阶段，第一阶段为冻结前因土温降低、土体收缩和盐结晶膨胀引起的变形，第二阶段为冻结后因水结冰和盐结晶膨胀引起的盐胀冻胀变形，第三阶段为土体升温冰融化和硫酸钠晶体溶解引起下沉变形。在每一次冻融循环过程中，第一和第二阶段的盐胀冻胀变形在第三阶段的融化下沉过程中不能完全恢复，即每次循环后均有残留变形，随着土体盐胀冻胀次数的增加，土体盐胀冻胀率增加，而经过数次循环后最终将趋于稳定。

考虑到Ⅲ型冻融试验结果（膨胀量）的变化很小及试验数据的离散性，对所测数据采用回归拟合线表示，如图 3-25～图 3-28 所示。可以看出，Ⅲ型改良盐渍土膨胀量很小，这是由于该型配方中添加了石灰、粉煤灰、水泥等外加剂，特别是水泥在粉煤灰的催化作用下试件强度随着时间逐渐增大（由无侧限抗压强度试验可知）。试件强度大于盐胀冻胀的破坏强度，因而在冻融循环中盐胀冻胀现象不明显。

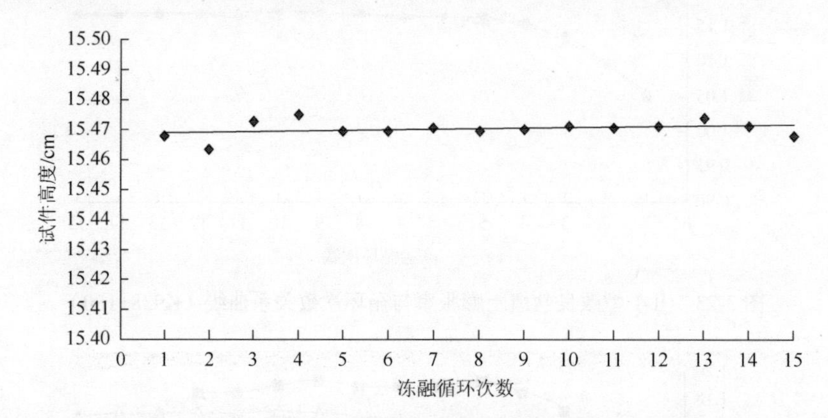

图 3-25　Ⅲ-1 型改良盐渍土试件高度与循环次数关系曲线（K938+100）

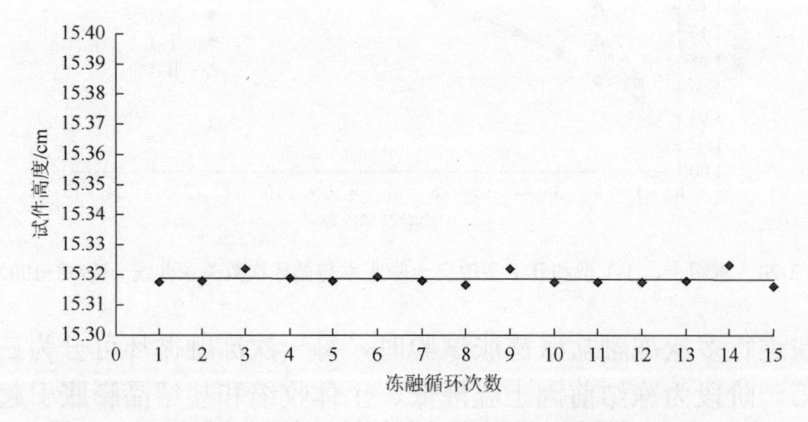

图 3-26　Ⅲ-2 型改良盐渍土试件高度与循环次数关系曲线（K938+100）

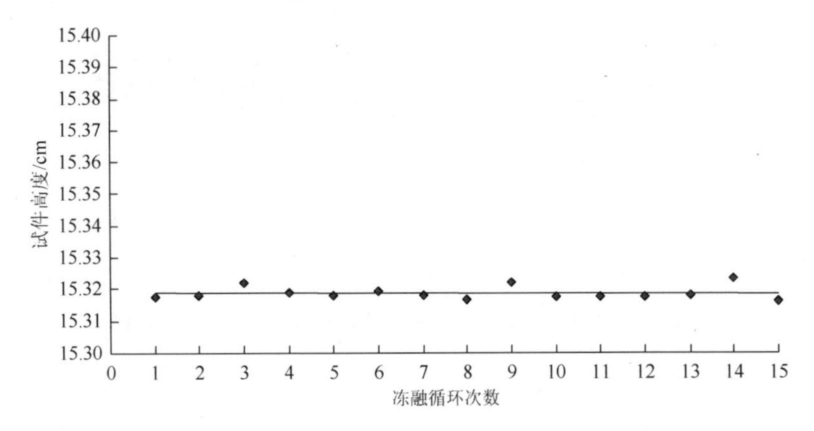

图 3-27 Ⅲ-3 型改良盐渍土试件高度与循环次数关系曲线（K938+100）

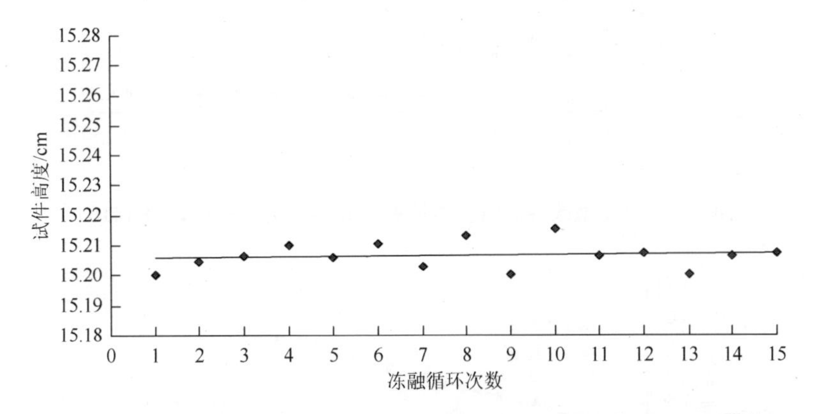

图 3-28 Ⅲ-4 型改良盐渍土试件高度与循环次数关系曲线（K938+100）

（2）K1416 试验结果及分析。K1416 重塑盐渍土及各种配方改良型土的膨胀量（以试件高度变化分析）随冻融循环次数的变化如图 3-29～图 3-31 所示。由图可知，重塑土、Ⅰ-1 型和Ⅱ-1 型改良土的膨胀率随着循环次数的增加呈明显的上升趋势，由于试件在冻融过程中两端处于自由状态，试件在膨胀力作用下主要向两端膨胀，与 K938+100 试验结果相比，其膨胀变形收敛速度很慢。图 3-31 显示，K1416 Ⅰ-1 型改良土冻融后膨胀率很小。

由图 3-32 可知，重塑土的膨胀率最大，其次是Ⅱ-1 型和Ⅰ-1 型改良土后膨胀率明显降低，即表现出与 K938+100 相似的规律。

考虑到Ⅲ型冻融试验结果（膨胀量）的变化很小及试验数据的离散性，对所测数据采用回归拟合线表示，如图 3-33～图 3-36 所示。可以看出，

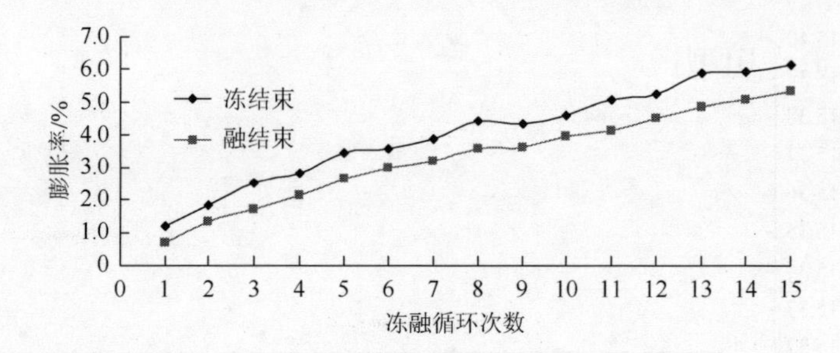

图 3-29　重塑土盐渍土膨胀率与循环次数关系曲线（K1416）

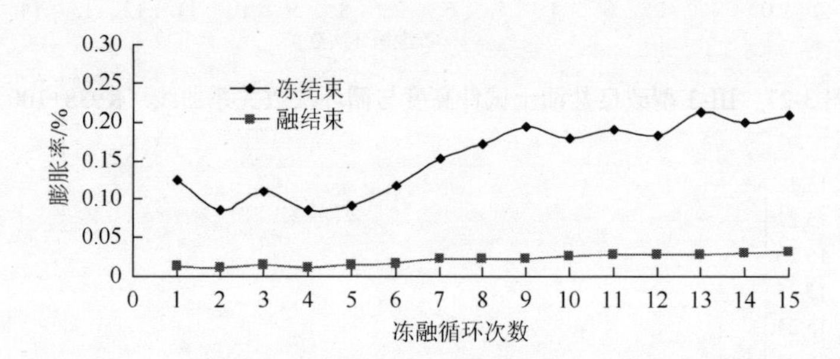

图 3-30　Ⅰ-1 型改良盐渍土膨胀率与循环次数关系曲线（K1416）

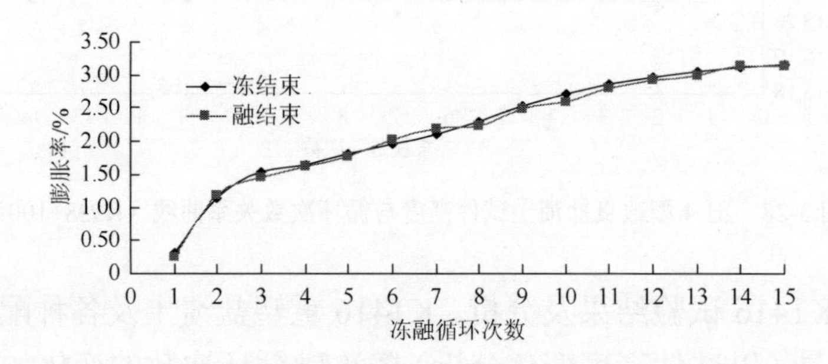

图 3-31　Ⅱ-1 型改良盐渍土膨胀率与循环次数关系曲线（K1416）

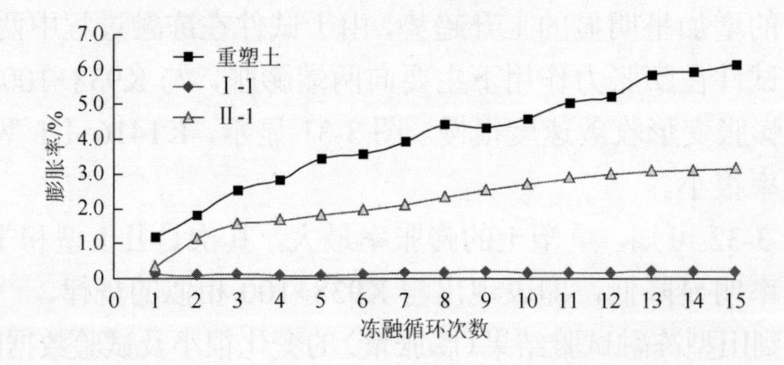

图 3-32　盐渍土膨胀率与循环次数关系曲线（K1416）

K1416 取土点Ⅲ型改良盐渍土盐胀冻胀现象与 K938+100 有相同的规律性。

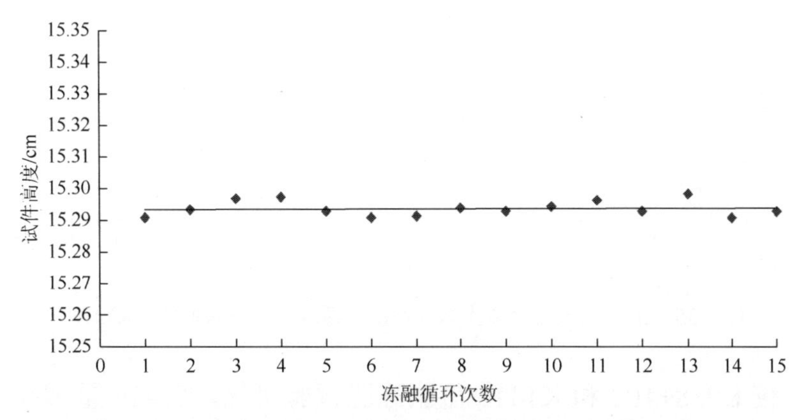

图 3-33 Ⅲ-1 型改良盐渍土试件高度与循环次数关系曲线（K1416）

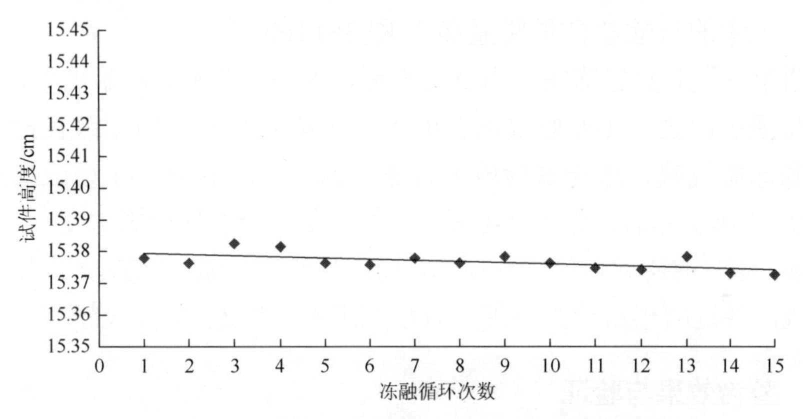

图 3-34 Ⅲ-2 型改良盐渍土试件高度与循环次数关系曲线（K1416）

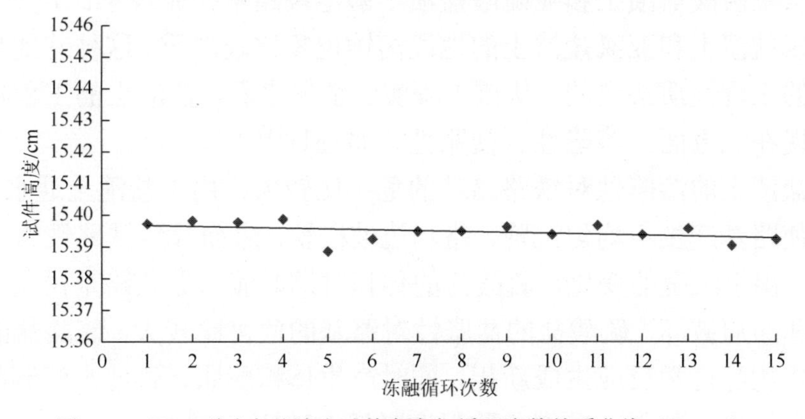

图 3-35 Ⅲ-3 型改良盐渍土试件高度与循环次数关系曲线（K1416）

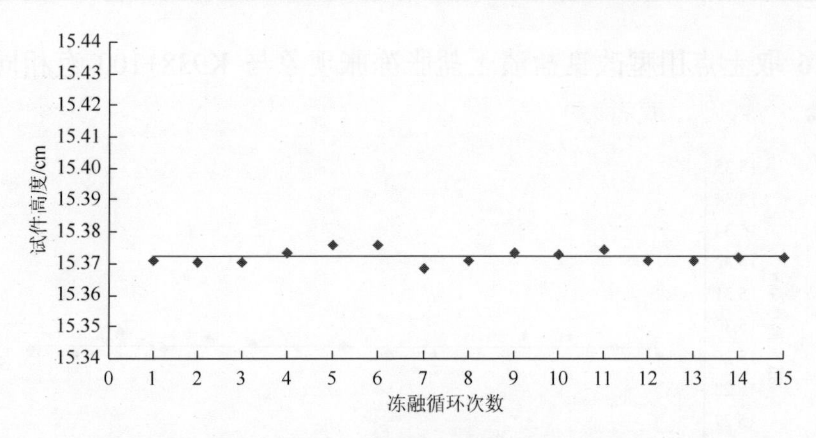

图 3-36　Ⅲ-4 型改良盐渍土试件高度与循环次数关系曲线（K1416）

比较 K938+100 和 K1416 盐胀冻胀试验可知，K1416 重塑盐渍土和Ⅱ-1 型改良土的盐胀与冻胀现象比 K938+100 严重；由易溶盐分析可知，K1416 土中的硫酸盐含量明显高于 K938+100。

两个里程的盐胀冻胀室内试验表明，重塑土盐胀冻胀最严重，Ⅱ-1 型改良盐渍土次之，Ⅰ-1 型改良盐渍土盐胀冻胀轻些，Ⅲ型改良盐渍土没有盐胀冻胀现象，这与试验段的现象一致。Ⅰ-1 型和Ⅱ-1 型改良盐渍土于 2004 年施工完后，前两年还可以，2006 年检查发现松胀深度大，下部土体潮湿，取样时深度可达十几厘米，而Ⅲ型改良盐渍土试验段于 2004 年施工完成，经过两年后检查发现没有松胀现象，也无冲沟，强度很高。

3.3.5　整治效果与验证

富集硫酸盐渍土和亚硫酸盐渍土的地段路基松胀现象比较严重，而富集氯盐渍土和亚氯盐渍土的地段溶蚀现象比较严重。这种差别是由盐渍土的工程性质决定的。从该工程实际情况来看，盐渍土的工程特性主要表现在三方面：溶陷性、盐胀性、腐蚀性[12, 13]。

盐渍土的溶陷性对铁路路基的危害比较大，由于盐渍土遇水溶陷，可以使路基产生不均匀沉降，路基边坡松软，进而导致铁路铁轨变形等破坏。由于温度的变化，硫酸盐的体积时缩时胀，导致路基松胀，路基坡面和路肩破坏。硫酸盐的盐胀性对路基的危害比较大，硫酸盐能与水泥水化物起化学反应生成新相，同时产生体积膨胀，致使水泥制品、砖等产生粉化、剥裂，最终导致强度降低而破坏。

盐渍土路基病害的处理原则一般为路堤设计高度应满足不再盐渍化的最小高度，或者在路基中设置毛细水隔断层，设置反压护道。南疆铁路库喀段开通运营后，为满足路基最小高度或设置毛细水隔断层等措施，不仅严重干扰铁路运输，而且工程量较大，投资巨大，处理起来有一定的困难，因此可拟定以下处理原则。

对于严重盐渍土路基病害，可采取路基基床换填粗颗粒渗水土，路肩及边坡采用改良土或粉煤灰、石灰土、当地土质拌和的三合土包坡，同时设置改建永久性排碱沟等措施。

对于较严重以及轻微的盐渍土路基病害，可采用加宽路基、设置排碱沟，同时采用圆砾土或粉煤灰、石灰土、就地盐渍土拌和的三合土包坡措施进行整治。

对于路基下沉问题，可采取加固路基本体的措施予以处理；对于路基下沉严重地段，可采取压浆、灰土挤密桩等措施提高路基承载力并增强密实度等。

严重盐渍土路基病害地段，对泛碱严重、养护工作频繁及轨道平纵断面不易保持的盐渍土路段，应铲除 0.3～0.5m 厚的松胀层，换填圆砾土或粉煤灰、石灰土、当地土质拌和的三合土至路肩高程，路基加宽 0.5m 左右。地下水位较高的地段，除开挖排碱沟并与原有排碱沟连通排出外，还应选择性地采用设置路基毛细水隔断层的工程措施。

较严重盐渍土路基病害地段，采取铲除路肩及边坡土的松胀层，换填圆砾土或粉煤灰、石灰土、当地土质拌和的三合土等。

轻微盐渍土路基病害地段，可在路肩铺填 0.2～0.3m 厚的圆砾土或碎石土，碾压密实。路基形状不易保持或塌垮严重的地段，应重新填补与修整。粉土、粉质黏土填筑边坡坡率为 1∶1.5，粉砂土填筑路堤边坡坡率为 1∶1.75。

从路基换填及铲除的盐渍土不得堆于路基两侧坡脚，应集中拉运到距离线路不得小于 30m 以外。

盐渍土路基的工程治理措施有很多，有化学治理法、换土垫层法和设置缓冲层法、提高路基法、隔断层处理法、设置排水系统法和选用材料包坡法等。

影响南疆铁路库喀段盐渍土形成的主要因素是地形、地质条件、气候条件、水文地质条件、地层岩性和人为因素。

南疆铁路处理盐渍土路基病害采用包坡+隔断层为主、铺设灰土砖路肩、改建永久性排碱沟等综合处理措施[14, 15]。

3.4 本章小结

通过自制的次生盐渍化试验系统，研究了重塑盐渍土（K938）及改良盐渍土（K938 Ⅲ-3 型、K938+100 Ⅲ-4 型）在一定环境下的水分迁移规律和盐分迁移现象[16, 17]，可得如下结论：

（1）在室内物理环境下，压实系数为 0.93，南疆铁路 K938 重塑盐渍土的毛细水上升高度为 90cm，而 K938+100 Ⅲ-4 型改良盐渍土的毛细水上升高度为 30cm，K938 Ⅲ-3 型改良盐渍土的毛细水上升高度为 40cm。

（2）K938 重塑盐渍土试验表明，泛盐程度与土中含水率的高低有着直接的关系，即盐分从含水率高的位置向含水率低的位置迁移，说明在毛细水上升高度范围内会有明显的泛盐现象。

（3）由于改良盐渍土将毛细水上升高度范围控制得很低而未发现明显泛盐现象，进一步说明控制盐渍土中毛细水上升高度能够防止盐渍土病害的发生。

（4）K938 Ⅲ-3 型改良盐渍土的毛细水上升高度和次生盐渍土化平行试验以及 K938+100 Ⅲ-4 型改良盐渍土的毛细水上升高度和次生盐渍土化平行试验均表明，盐渍土经水泥、石灰和粉煤灰等掺入物改良后能有效地降低毛细水上升高度，从而有效地抑制次生盐渍化现象的发生。

对试验结果进行综合分析[17-19]，可以得出如下结论：

（1）根据易溶盐分析结果，试验段 K938+100 和 K1416 盐渍土均为亚硫酸盐渍土，含盐量分别为 2.15%和 6.53%，属于强盐渍土和超盐渍土。K1416 盐渍土经改良后土中易溶盐含量明显下降。

（2）掺入物中粉煤灰掺量的变化对改良盐渍土的最优含水率和最大干密度有一定的影响，在水泥、石灰掺量不变的情况下随着粉煤灰掺入量的增大，改良盐渍土的最大干密度降低而最优含水率增加。重塑盐渍土、Ⅰ-1 型和Ⅱ-1 型改良盐渍土最大干密度大于Ⅲ型改良盐渍土，最优含水率小于Ⅲ型改良盐渍土。

（3）K938+100 的重塑盐渍土、Ⅰ-1 型（未冻融、冻融后）、Ⅱ-1 型（未冻融、冻融后）改良盐渍土均为中压缩性土；K1416 重塑盐渍土、Ⅰ-1 型（未冻融、冻融后）改良盐渍土均为中压缩性土，而Ⅱ-1 型改良盐渍土未冻融时（养护 28 天）为低压缩性土，冻融后为中压缩性土。

（4）Ⅰ-1 和Ⅱ-1 型改良盐渍土养护 28 天的无侧限抗压强度不高，而且经冻融循环后强度下降，有较为明显的盐胀冻胀现象。

（5）Ⅲ-1～Ⅲ-4 型改良盐渍土养护 28 天的无侧限抗压强度明显高于重塑盐渍土，并且 28 天后强度仍有较大幅度的增长。经冻融循环后无侧限抗压强度有一定的增长，但强度的增长幅度小于没有经过冻融循环（相同时间）的强度。经过十余次冻融循环后，强度趋于稳定。且该类改良盐渍土没有明显的盐胀冻胀现象，此结论与现场试验段相吻合。

（6）与养护 28 天的强度相比，养护 28 天后饱水一天的无侧限抗压强度有所下降。粉煤灰、水泥掺量对无侧限抗压强度的影响比石灰大。

（7）各取土点重塑盐渍土及其改良盐渍土（压实系数均为 0.93）的渗透系数均处于同一数量级。K938+100 的渗透系数大于 K1416 和 K1417。压实系数对改良盐渍土的渗透性影响较大，渗透系数在压实系数大于 0.90 时相差很小。龄期对渗透性的影响在 14 天内比较明显，超过 14 天影响降低。

（8）利用自行研制的次生盐渍化试验系统，研究重塑盐渍土（K938）及改良盐渍土（K938+100 Ⅲ-4 型和 K938 Ⅲ-3 型）在一定环境下的水分和盐分迁移规律。试验结果表明，重塑盐渍土的毛细水上升高度远高于改良盐渍土的毛细水上升高度，重塑盐渍土有明显的泛盐现象，而改良盐渍土没有泛盐现象。盐渍土改良后不仅强度有较大提高，而且能有效控制毛细水上升高度和次生盐渍化现象的发生。

（9）Ⅰ-1 型和Ⅱ-1 型改良盐渍土能有效缓解盐胀冻胀的发生，但其强度经过十余次冻融循环后迅速下降。Ⅲ型改良盐渍土盐胀冻胀现象不明显。

参 考 文 献

[1] Fookes P G. Middle East-inherent ground problems[J]. Quarterly Journal of Engineering Geology & Hydrogeology, 1978, 11（1）：33-49.

[2] 汪林, 甘泓, 于福亮, 等. 西北地区盐渍土及其开发利用中存在问题的对策[J]. 水利学报, 2001, 32（6）：90-94.

[3] 王遵亲. 中国盐渍土[M]. 北京：科学出版社, 1993.

[4] 铁道部第一勘测设计院. 盐渍土地区铁路工程[M]. 北京：中国铁道出版社, 1988.

[5] 徐攸在. 盐渍土地基[M]. 北京：中国建筑工业出版社, 1993.

[6] 余侃柱. 中国内陆砂碎石盐渍土工程特性研究[C]//中国岩石力学与工程学会第六次学术大会. 北京：中国科学技术出版社, 2000：158-161.

[7] 柴筠之. 盐渍土的工程性质[J]. 工程勘察, 1983,（6）：3-6.

[8] 中铁第一勘察设计院集团有限公司. 铁路工程土工试验规程[M]. 北京：中国铁道出版社, 2011.

[9] 中华人民共和国水电部. 土工试验方法标准[M]. 北京：中华计划出版社, 1989.

[10] 铁道第一勘察设计院. 铁路工程岩土分类标准[M]. 北京：中国铁道出版社, 2001.

[11] 铁道第四勘察设计院. 铁路特殊路基设计规范[M]. 北京：中国铁道出版社, 2006.

[12] 徐攸在. 盐渍土地基[M]. 北京：中国建筑出版社, 1993：19-151.

[13] 谷云峰, 王国体, 俞竟伟. 盐渍土的基本特性及其工程治理[J]. 安徽建筑, 2004,（1）：84-86.

[14] 张宏炜. 新疆盐渍土公路路基病害及处理措施[J]. 黑龙江交通科技, 2011, 34（5）：41-41.

[15] 杨斌. 盐渍土路基病害及处理措施[J]. 内蒙古公路与运输. 2014,（2）：5-6.

[16] 张发, 赵德安, 马惠民, 等. 南疆铁路改良盐渍土渗透性试验研究[J]. 铁道标准设计, 2007,（3）：22-24.

[17] 余云燕, 赵德安, 彭典华, 等. 南疆铁路改良盐渍土无侧限抗压强度试验研究[J]. 兰州交通大学学报, 2008, 27（4）：9-13.

[18] 余云燕, 赵德安, 彭典华, 等. 南疆铁路路基填料改良盐渍土的盐胀冻胀试验研究[J]. 兰州交通大学学报, 2009, 28（1）：1-5.

[19] 赵德安, 余云燕, 马惠民, 等. 南疆铁路路基次生盐渍化试验研究[J]. 岩土工程学报, 2014, 36（4）：745-751.

4 高陡泥砂岩互层边坡失稳机制与整治

4.1 工 程 背 景

西北地区昼夜温差大，日照强烈，干湿循环快。这种特殊的气候条件，加之泥砂岩互层边坡的这种特殊地质条件，同时，考虑泥岩的膨胀、崩解等特性，致使软硬互层风化程度差异明显，这种普遍性的地层形态在西北地区分布较为广泛[1]。甘肃省古浪县全年降水极不均匀，尤其是夏季往往集中降水，时间短、雨量大。古浪一典型公路边坡基岩为白垩纪厚层灰色砂岩与紫红色泥岩互层。自 2007 年以来，该边坡每年都有较大规模的边坡崩塌现象发生，不仅对既有防护工程损害严重，还对过往行车安全构成严重威胁，安全隐患非常大[2]。

随着“一带一路”倡议的提出和持续推进，我国西北地区，尤其是作为丝绸之路黄金段的河西走廊地区今后的公路、铁路等交通需求越来越大，必然会遇到此类软硬岩互层边坡问题。膨胀性软硬岩互层边坡的稳定性问题研究对既有公路、铁路边坡的维护和未来新建工程边坡的设计施工都具有重要的实用价值。

目前，针对不同类型的软硬岩互层边坡已有大量的研究。宋娅芬等[3]主要考虑开挖等因素，采用模型试验研究了缓倾软硬岩互层边坡变形破坏机制。陈志强等[4]主要考虑软硬岩互层边坡结构面特性研究了沪瑞线公路改造工程边坡的稳定性问题。夏开宗等[5, 6]进行了软硬岩互层边坡稳定性的敏感性因素分析，并主要考虑动水压力等因素研究了宜巴高速公路缓倾顺层复合介质边坡滑移破坏机制。程关文等[7]主要通过对监测数据的分析研究了软硬岩互层边坡变形监测、预测及长期稳定性分析的方法。黄帅等[8]主要考虑近远场地震作用，采用有限元模型研究了软硬岩互层边坡的动力响应规律。张红日等[9]主要考虑渗流作用，研究了软硬岩互层砂岩边坡稳定性。刘云鹏等[10]利用离散元 UDEC 软件，系统研究了反倾软硬岩互层岩体边坡地震响应问题。宋玉环[11]主要考虑崩解模式、耐崩解性和软硬岩互层边坡的岩体结构特征等因素进行了西南地区软硬互层岩质边坡变形破坏模式及稳定性研究。姚男[12]主要研究了列车振动荷载作用软硬岩互层边坡的变形破坏机制与稳定性。董金玉等[13]认为三峡库区软硬岩互层边坡崩塌主要原因是软硬岩的差异性风化，进而研究了其破坏机制。胡斌等[14]主要针对软硬岩互层边坡采用二维有限元方法研究了崩塌后上部凹腔岩体的变形破坏模式。周应华等[15]对水平泥砂岩互层状岩体进行受力和变形分析，认为拉应力在边坡中部产生的裂缝成为降水入渗通道，易产生平推式滑坡。

从前期研究来看，目前，对于西北地区特殊气候和地质地层条件下的软硬岩互层边坡崩塌机理研究尚少。因此，依托位于甘肃省古浪县境内 G312 线界古公路水库坡崩塌段公路沿线典型砂岩和泥岩（软硬岩）互层边坡，通过研究现场崩塌形态与特征、地形地貌特征、气象和水文特征以及工程地质和地层结构特征，探讨此类边坡崩塌机理。

4.2　古浪软硬互层边坡崩塌机理研究

4.2.1　边坡产状、结构与崩塌成因分析

G312 公路高边坡最大坡高约 90m，多次维修后存有高约 11m 的浆砌片石护坡和之上的高约 2.60m 的拦石网及排水沟，坡面喷混凝土防护。受综合因素影响，护坡多处被水流掏空、坡面喷射混凝土层几乎全部破裂、鼓包，局部剥离脱离岩体，致使坡面形成暗沟和冲沟，部分地段排水沟已被落石、岩屑、泥流充填至满，雨季发生的泥石流、滑塌体往往越过排水沟落入路面，如图 4-1 所示。

1. 边坡产状

该泥岩砂岩顺层边坡因公路建设削坡形成，岩层走向几乎与坡面展布方向垂直，呈单斜构造，倾向 190°～195°，倾角 45°～65°，如图 4-2 和图 4-3 所示。

图 4-1　落入路面的崩塌体

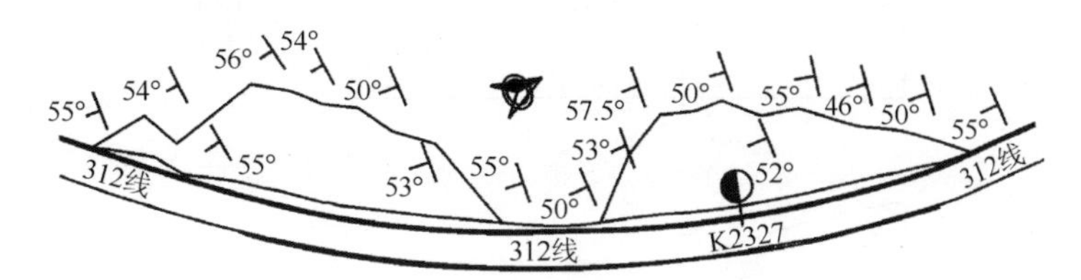

图 4-2　边坡岩层平面产状示意图

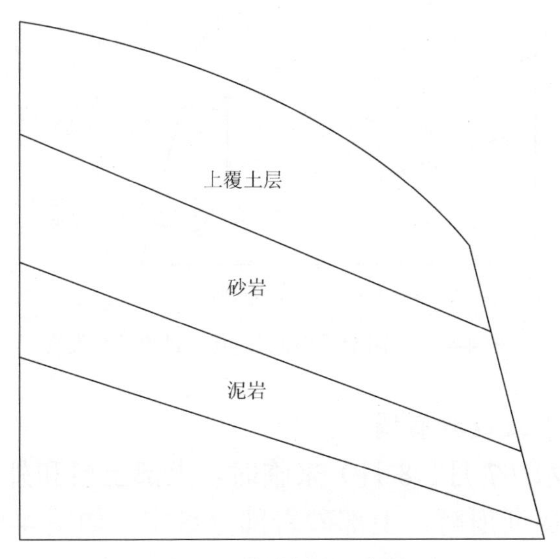

图 4-3　边坡剖面示意图

2. 干湿循环致泥岩风化、砂岩节理发育

该边坡泥岩具有膨胀性[2]，且所处地区虽然年降水量一般较少，但降水集中于夏季，非集中降水季日温差和相对湿度日变化较大[16]。下层风化泥岩在干湿循环条件下，含水率发生变化，吸水膨胀、失水干缩；泥岩体积变化对上层砂岩产生的膨胀力反复变化，砂岩开裂产生节理，干湿循环继续，致使砂岩节理贯通，如图 4-4 所示。

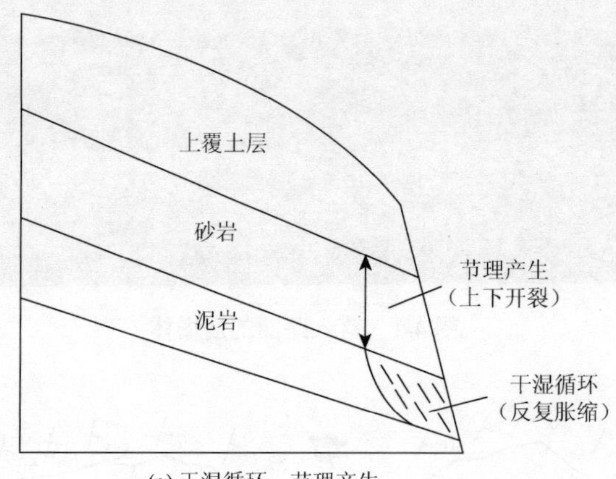

(a) 干湿循环、节理产生

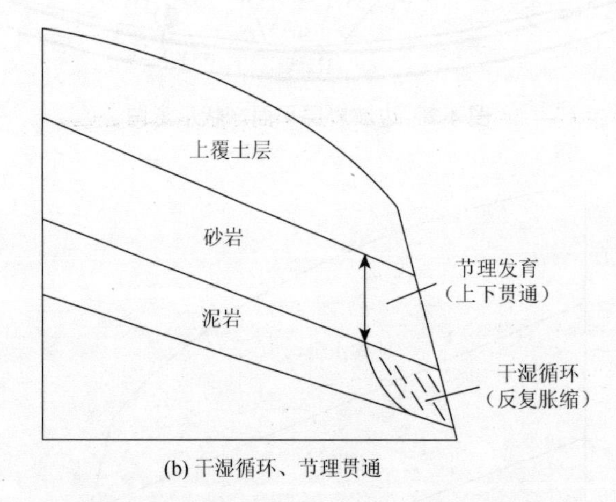

(b) 干湿循环、节理贯通

图 4-4　干湿循环致泥岩风化、砂岩节理发育

3. 集中降水致边坡崩塌

当集中降水（7 月、8 月）来临时，上部土层和外部泥岩在风化、浸水的作用下逐渐崩解，上部砂岩部分悬空，如图 4-5 所示，现场如图 4-6 所示。

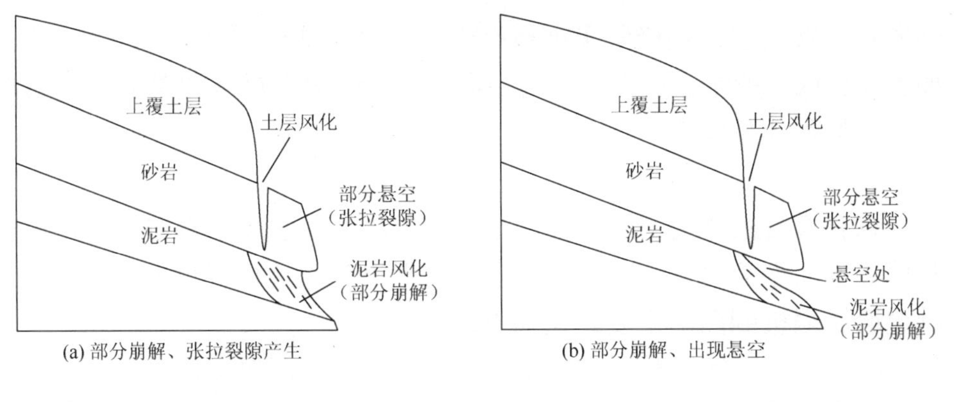

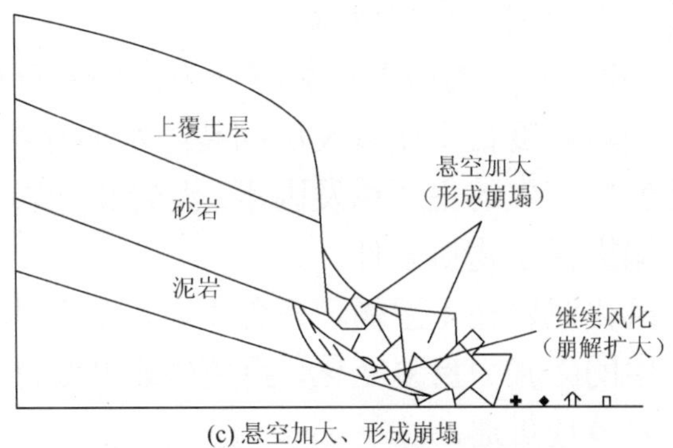

(c) 悬空加大、形成崩塌

图 4-5　集中降水致边坡崩塌

图 4-6　危岩体

在自重作用下，张拉裂隙产生。泥岩崩解进一步发展，上层悬空的砂岩和上覆土层，在极限平衡被打破后，会形成倾覆崩塌或滑动崩塌，如图 4-5（c）所示。这一情形与 2007 年以来每年 7、8 月都有较大规模的边坡崩塌现象吻合。

4. 小结

以甘肃古浪境内 G312 线界古公路十八里铺水库段典型砂岩和泥岩互层边坡崩塌为背景，通过多角度研究得出此类边坡崩塌的机理，并绘制边坡崩塌机制图。主要结论如下：

（1）泥砂岩软硬互层结构中，依据砂岩的不同厚度，往往形成两种崩塌类型，即大型崩塌和小型崩塌。

（2）“高”和“陡”的地形地貌特征为崩塌发育提供临空条件；较大的日温差、相对湿度日变化以及层间裂隙水的存在加剧了风化作用；集中降水则是崩塌产生的主要诱发因素；泥岩和砂岩显著的岩性差异与互层结构为崩塌提供了物质条件。

（3）下层风化泥岩在干湿循环条件下，泥岩吸水膨胀、失水干缩，对上层砂岩产生的膨胀力反复变化，致使砂岩开裂产生节理，干湿循环继续，致使砂岩节理贯通。

（4）在干湿循环致泥岩风化、砂岩节理发育基础上，集中降水使上部土层被风化，外层风化泥岩浸水崩解，致使上部砂岩部分悬空，形成危岩体，泥岩进一步崩解则打破平衡，形成崩塌。

（5）古浪软硬互层边坡崩塌机理可简要概括为：干湿循环致泥岩风化、砂岩节理发育；集中降水诱发边坡崩塌。

4.2.2 砂泥岩互层边坡膨胀性泥岩力学性能的试验研究

边坡基岩为白垩纪厚层灰色砂岩与紫红色泥岩互层，其中泥岩呈砂泥质结构、碎屑状，表层受强风化后岩质软、破碎，易崩解风化；砂岩构造裂隙较发育，切割成块体状。泥岩颜色以紫褐色为主、灰绿色为辅，泥质结构，呈层分布，裂隙发育，厚 100cm 左右。由于原有网喷混凝土防护破损，因开挖高路堑而形成的高边坡风化严重，坡面露出的泥岩多呈碎块状，表面多呈破裂状粒块溜落，如图 4-7 所示。

该段边坡处于沟谷半坡地带，道路下方即为十八里堡水库，水库蓄水对路基无影响，边坡处无地下水露头。地下水类型是基岩层间裂隙水，

图 4-7 表层泥岩

地下水补给主要为大气降水渗入，该区多年平均降水量为 177.1mm，近于垂直的密集型岩层层面裂隙是接受降水入渗的通道，下方沟谷应是地下水的排泄场所和交替循环场所。

坡体地质剖面如图 4-8 所示。该边坡吸水时将受到泥岩膨胀和抗剪强度参数降低双重作用影响。其一，泥岩吸水膨胀时，体积增大，除部分临空面处风化泥岩外，泥岩层受到上下砂岩的约束，致使泥岩内应力 σ 增加；其二，泥岩吸水后其抗剪强度参数 c、φ 值都将降低。

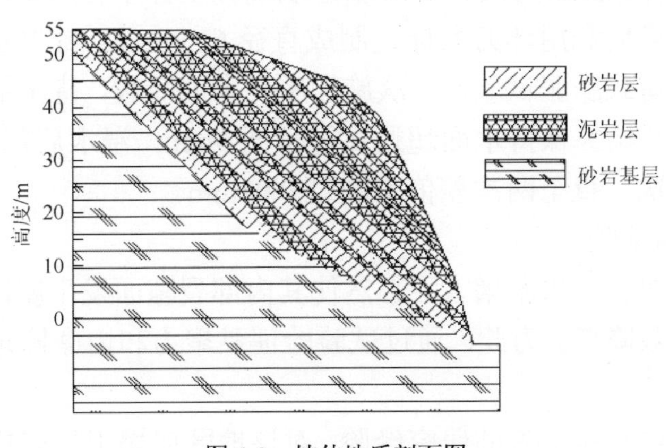

图 4-8 坡体地质剖面图

根据莫尔-库仑准则：

$$\tau = c + \sigma \tan\varphi \tag{4-1}$$

式中，c 为泥岩黏聚力，Pa；φ 为泥岩内摩擦角，(°)；σ、τ 为法向应力和剪应力，Pa。

随着含水率的增加，σ 增大，c、φ 值减小，τ 会如何变化？这一规律的含水率阈值如何确定？

为探究这一机制，便于分析，在莫尔-库仑准则的基础上做出 3 个基本假定：①泥岩和砂岩均视为连续体，不考虑节理、裂隙等不连续结构的影响；②泥岩砂岩互层，砂岩相对较厚，视为刚体；③忽略降水对砂岩的影响，仅考虑降水对泥岩的影响[17]。

1. 试验方案设计

1）膨胀性试验

为便于研究和区分，膨胀力采用文献[18]中的定义，即称《岩土工程基本术语标准》(GB/T 50279—2014）中膨胀力为最大膨胀力，记作 p_{smax}；将岩土从初始状态增湿至某状态保持体积不变所产生的力，称为自然膨胀力，记作 p_s。试验依据《公路土工试验规程》(JTG E40—2007）[19]进行。

为分析降水对泥岩膨胀特性的影响，分别进行无荷载膨胀量试验、有荷载膨胀量试验以及膨胀率与上部荷载、时间及初始含水率关系等试验。

测定从现场取回来的泥岩石的天然含水率，之后将泥岩置于烘箱里烘干 12h 以上，锤碎后，过孔径为 2mm 的筛进行筛分。按泥岩天然含水率配制土样，并密封闷料 24h 以上以确保土样中含水率均匀分布，压实成土饼，最后利用环刀取样，制成直径 61.8mm、高 20mm 的试件。进行有侧限荷载膨胀试验，一次施加所要求的荷载，待压缩稳定后向仪器中注水，并始终保持水面超过试样顶面 5mm，浸水后每隔 2h 记录百分表读数 1 次，直至两次差值不超过 0.01mm。

2）直剪试验

膨胀性泥岩含水率增大，必然使其内部裂隙面发生膨胀软化，致其抗剪强度参数降低。为此，通过试验验证黏聚力和内摩擦角与含水率的关系。

结合国内专家学者的研究经验，对该地区崩塌工程取样进行试验研究。将泥岩置于烘箱里烘干 12h 以上，锤碎后，过孔径为 2mm 的筛进行筛分。配制含水率为 6%、8%、10%、12%四份土样，并密封 24h 以上以确保土样中含水率均匀分布，在统一的击实功情况下压实成土饼，最后利用环刀取样，每个含水率的土样制作 12 个直径 61.8mm、高 20mm 的试件，共 48 个试件。分 4 组，每组 12 个试件进行直剪试验。剪切时施加的应力分别为 100kPa、200kPa、300kPa、400kPa，测定其抗剪强度参数，取平均值作为同一含水率下的剪切强度。

2. 试验结果分析

从现场取回的泥岩是否具有膨胀性，通过无荷载膨胀量试验得出高度-时间关系曲线，如图 4-9 所示。

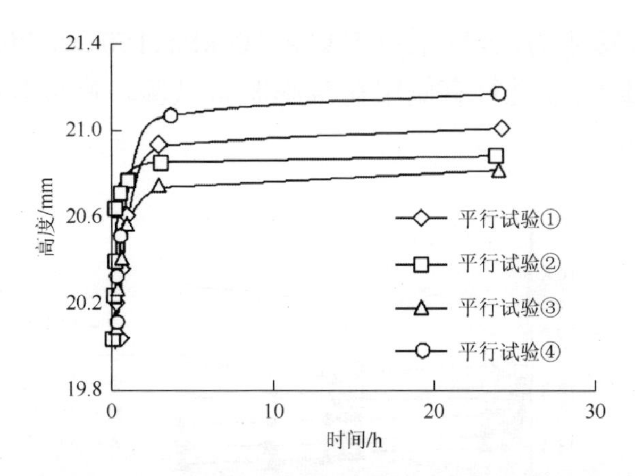

图 4-9 无荷载膨胀量试验下高度-时间关系曲线

由图 4-9 可知，在无荷载有侧限条件下进行了 4 组平行试验，高度-时间关系曲线表明该泥岩试件在浸水条件下高度均明显增大，说明从现场所取回的泥岩具有膨胀性。

1）膨胀率随时间的变化关系

根据试验数据绘制膨胀率与时间的关系曲线，如图 4-10 所示。

泥岩在无荷载有侧限条件下的膨胀变形主要发生在 100min 内，泥岩最大变形量为 1.1mm，最小变形量为 0.7mm，占总变形量的 90%左右，与时间基本呈线性正相关关系；变形稳定后泥岩最大膨胀变形为 1.2mm，最小为 0.8mm。该段泥岩无荷载有侧限条件下的平均线膨胀率为 5%。

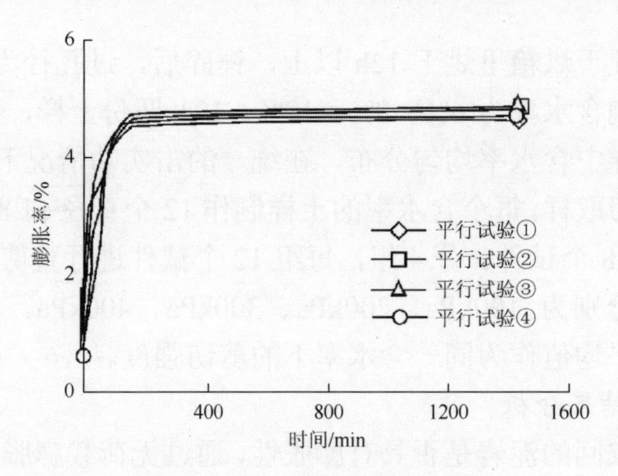

图 4-10　膨胀率与时间关系曲线

为确定其膨胀力，分别采用 50kPa、100kPa、150kPa、200kPa、250kPa、300kPa 的荷载级数进行有侧限荷载膨胀量试验，高度与时间关系曲线如图 4-11 所示。

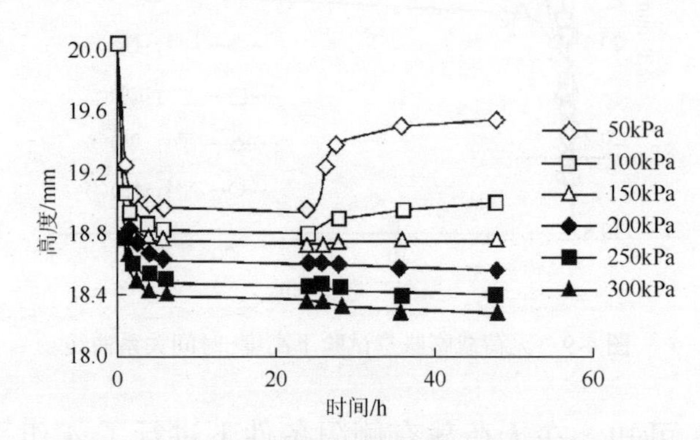

图 4-11　不同荷载条件下高度与时间关系曲线

由图 4-11 可知，从曲线走势上可以判断，泥岩在天然含水率下的最大膨胀力在 150～200kPa。

2）膨胀率随上部荷载的变化关系

根据有荷载膨胀量试验收集的数据如表 4-1 所示。

表 4-1　膨胀率与上部荷载

上部荷载/kPa	0	50	100	150	200	250	300
膨胀率/%	4.97	2.85	0.95	0.05	−0.2	−0.55	−0.8

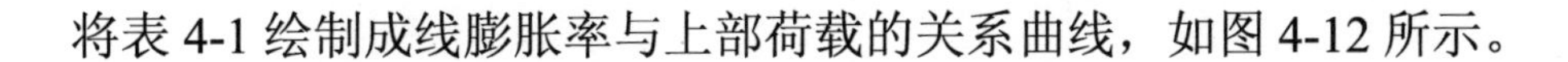
将表 4-1 绘制成线膨胀率与上部荷载的关系曲线，如图 4-12 所示。

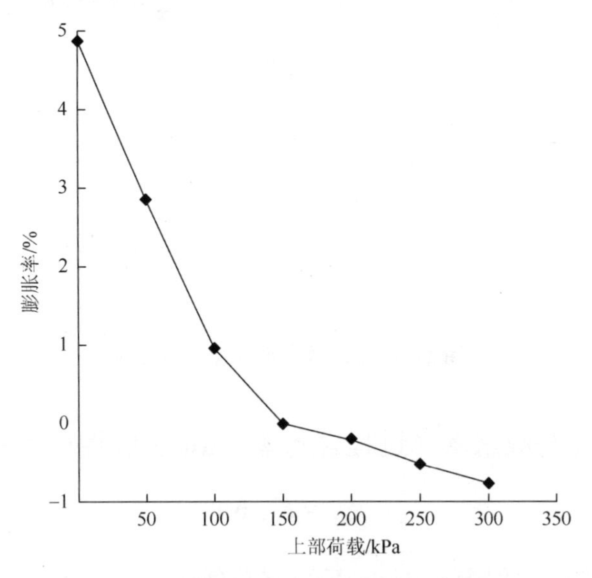

图 4-12　膨胀率与上部荷载的关系曲线

由图 4-12 可知，在初始含水率不变的情况下，泥岩线膨胀率随着上部荷载的增大而逐渐减小，基本呈直线关系；当上部荷载超过 150kPa 时，出现了线膨胀率为负的现象（压缩现象），同样证明该泥岩最大膨胀力为 150kPa。

上部荷载在线膨胀率从 5%到 0 的变化过程中基本呈直线关系，参照文献[20]，自然膨胀力与线膨胀率之间的关系为

$$p_{\mathrm{s}} = k_{\mathrm{s}}\varepsilon_{\mathrm{sw}} \tag{4-2}$$

式中，p_{s} 为自然膨胀力，Pa；k_{s} 为自然膨胀力与线膨胀率曲线斜率，Pa；$\varepsilon_{\mathrm{sw}}$ 为线膨胀率。

对于该处泥岩，基于上述关系，$\varepsilon_{\mathrm{sw}} = 0$ 时，$p_{\mathrm{s}} = 0$；$\varepsilon_{\mathrm{sw}} = 5\%$时，$p_{\mathrm{s}} = 150\mathrm{kPa}$，可得 $k_{\mathrm{s}} = 3\mathrm{MPa}$。

3）膨胀率与吸水率的变化关系

试验采用 10%、12%、14%、16%四种初始含水率，分别按一次加载要求施加 12.5kPa、50kPa 两种荷载。测得试件膨胀率和吸水率的关系，如图 4-13 所示。

从图 4-13 可以看出，在初始含水率和上部荷载一定的条件下，有

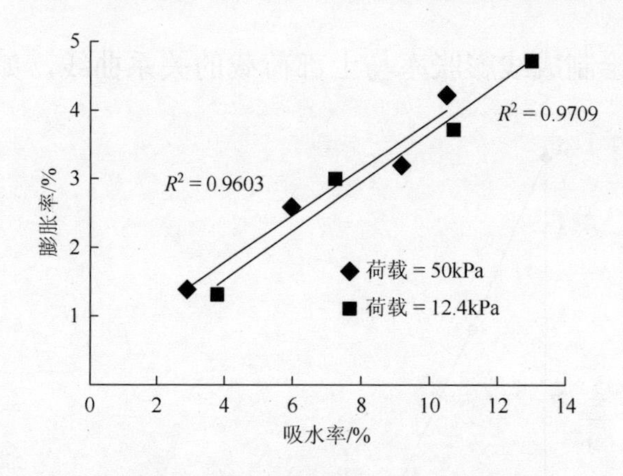

图 4-13 膨胀率与吸水率关系曲线

荷线膨胀率 ε_{sw} 与吸水率（过程含水率）Δw 呈线性正相关关系，即

$$\varepsilon_{sw} = K_{sw}\Delta w \tag{4-3}$$

式中，ε_{sw} 为某一过程含水率 w 下的有荷线膨胀率；Δw 为单位质量吸水率；K_{sw} 为膨胀曲线斜率，与初始含水率和上部荷载大小有关。

通过对实验数据的线性回归分析，有荷线膨胀率 ε_{sw} 与吸水率 Δw 关系式为

$$\varepsilon_{sw} = 0.391\Delta w \tag{4-4}$$

4）黏聚力随含水率的变化关系

直剪试验整理后数据如表 4-2 所示。

表 4-2 不同含水率下的 *c*、*φ* 值

含水率/%	*c*/kPa	*φ*/(°)
10	112	34
15	84	26
20	58.5	15
25	44	11

根据表 4-2 中的相关数据绘制黏聚力与含水率的关系曲线，如图 4-14 所示。

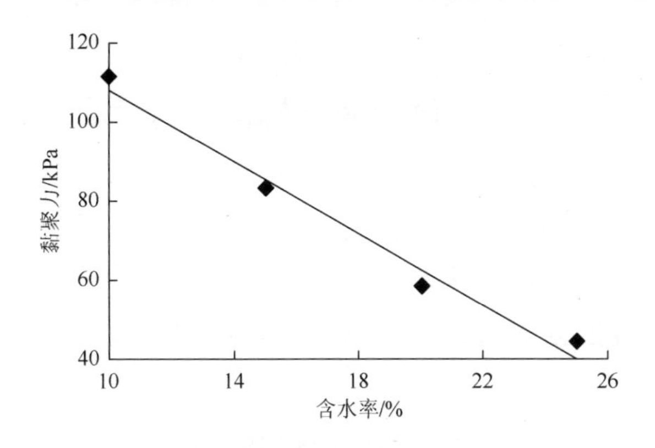

图 4-14　黏聚力与含水率关系曲线

从图 4-14 中可以发现，泥岩的黏聚力与含水率的关系十分紧密，随着含水率的增大，泥岩的黏聚力明显降低。

5）内摩擦角随含水率的变化关系

根据表 4-2 中的相关数据绘制内摩擦角 φ 与含水率的关系曲线，如图 4-15 所示。

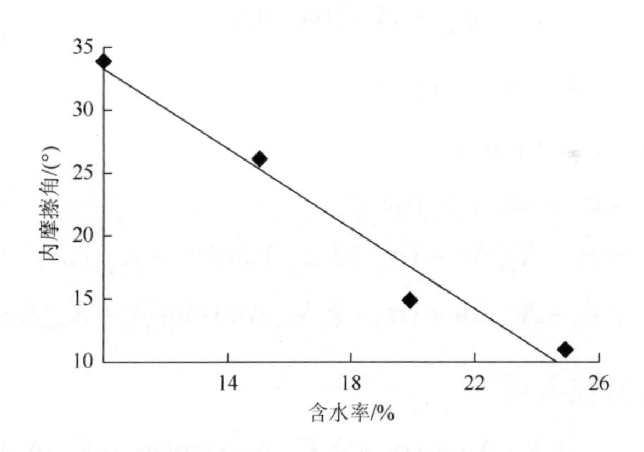

图 4-15　内摩擦角与含水率关系曲线

从图 4-15 中可以发现，泥岩的内摩擦角与含水率的关系十分紧密，随着含水率的增大，泥岩的内摩擦角也会明显降低。

由上述关系可知，黏聚力 c 和内摩擦角 φ 与吸水率（过程含水率）Δw 均呈线性负相关的关系，因此可以用式（4-5）来表示 c 和 φ 与 Δw 的关系：

$$\begin{cases} c_w = c_0 + K_{cw}\Delta w \\ \varphi_w = \varphi_0 + K_{\varphi w}\Delta w \end{cases} \tag{4-5}$$

式中，c_w、φ_w 为某一过程含水率 w 下的黏聚力和内摩擦角；Δw 为单位质量吸水率，%；K_{cw}、$K_{\varphi w}$ 为黏聚力和内摩擦角与含水率的关系斜率，与初始含水率和上部荷载大小有关。

通过对试验数据的线性回归分析，黏聚力 c 和内摩擦角 φ 与吸水率 Δw 的关系为

$$\begin{cases} c_w = c_0 - 484286\Delta w \\ \varphi_w = \varphi_0 - 164.29\Delta w \end{cases} \tag{4-6}$$

式中，c_w 为含水率为 w 时的黏聚力，Pa；φ_w 为含水率为 w 时的内摩擦角，°；w 为泥岩含水率。

通过对试验数据的线性回归分析，得出黏聚力 c 和内摩擦角 φ 与吸水率的关系为

$$\begin{cases} c_w = 112000 - 484286\Delta w \\ \varphi_w = 34 - 164.29\Delta w \end{cases} \tag{4-7}$$

结合式（4-1）～式（4-7）可得

$$\begin{aligned} \tau &= c + \sigma\tan\varphi \\ &= c_w + (\sigma_0 + p_{\mathrm{s}})\tan\varphi_w \\ &= c_0 + K_{cw}\Delta w + (\sigma_0 + k_{\mathrm{s}}\varepsilon_{\mathrm{sw}})\tan(\varphi_0 + K_{\varphi w}\Delta w) \\ &= c_0 + K_{cw}\Delta w + (\sigma_0 + k_{\mathrm{s}}K_{\mathrm{sw}}\Delta w)\tan(\varphi_0 + K_{\varphi w}\Delta w) \end{aligned} \tag{4-8}$$

将相关数值代入得

$$\begin{aligned} \tau &= c_0 + K_{cw}\Delta w + (\sigma_0 + k_{\mathrm{s}}K_{\mathrm{sw}}\Delta w)\tan(\varphi_0 + K_{\varphi w}\Delta w) \\ &= 112000 - 484286\Delta w + (\sigma_0 + 3\times10^6\times0.391\Delta w) \\ &\quad \times\tan(34 - 164.29\Delta w) \end{aligned} \tag{4-9}$$

边坡外部泥岩裸露，且有一定坡度，表层泥岩风化，且风化深度相对山体而言很浅，因此，可以将风化泥岩内初始含水率为 10%的初应力 σ_0 视为零。那么，抗剪强度 τ 是随含水率的变化而变化的因变量，抗剪强度与含水率的关系曲线如图 4-16 所示。

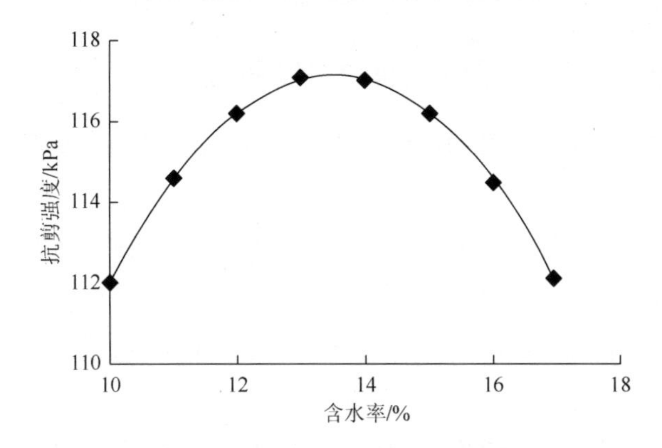

图 4-16 抗剪强度与含水率的关系曲线

由图 4-16 可见，在一定的含水率范围内（图中约为 13.5%以内，即含水率阈值为 13.5%），抗剪强度随着含水率的增加而增大，这时泥岩吸水膨胀所产生的膨胀力对抗剪强度起主要作用；当含水率继续增大时，抗剪强度随着含水率的增加而减小，显然，此时因泥岩吸水而导致的 c、φ 值降低对抗剪强度起主要作用。

3. 小结

以西北地区一代表性的泥岩砂岩互层边坡为例，通过一系列试验，研究了泥岩膨胀性能及其抗剪性能与各种因素之间的关系，尤其是与含水率之间的关系，推导得出了以吸水率（含水率变化）为自变量的泥岩抗剪强度公式。主要结论如下：

（1）该处泥岩膨胀变形的 90%主要发生在 100min 内，且膨胀率与时间呈线性正相关关系；其有侧限无荷膨胀率为 5%，天然含水率下的最大膨胀力为 150kPa。

（2）在初始含水率和上部荷载一定的条件下，该处泥岩有荷线膨胀率与吸水率 Δw 呈线性正相关关系；黏聚力 c 和内摩擦角 φ 与吸水率 Δw 均呈线性负相关关系。

（3）该处泥岩含水率阈值为 13.5%。

（4）在含水率阈值范围内，该处泥岩抗剪强度随着含水率的增加而增大，这时泥岩吸水膨胀所产生的膨胀力对抗剪强度起主要作用；当含水率超过阈值时，抗剪强度随着含水率的增加而减小，此时泥岩吸水而导致的 c、φ 值降低对抗剪强度起主要作用。

4.2.3 膨胀性顺（互）层边坡崩塌机制研究

研究在干湿循环和集中降水条件下甘肃古浪砂岩泥岩互层顺层边坡的崩塌机制，对砂岩此类边坡的崩塌治理具有重要意义。崩塌机制可概括为在干湿循环作用下软层泥岩反复胀缩，致硬层砂岩产生节理并贯通；在集中降水影响下泥岩崩解致砂岩悬空，极限平衡打破则形成倾覆崩塌或滑动崩塌。基于室内侧限膨胀试验和直剪试验，考虑泥岩遇水膨胀和软化共同作用，建立膨胀性顺层边坡的砂岩抗裂、倾覆和滑动稳定力学模型，推导相应的抗裂系数、倾覆和滑动稳定系数计算公式，并在实际工程中进行应用与验证。

1. 崩塌机制研究

1）干湿循环致砂岩节理张拉

在干湿循环作用下，风化泥岩吸水膨胀、失水干缩作用视作砂岩受力。沿坡面走向，砂岩受节理切割宽度较小，岩层的厚度（高度）大部分处于30cm以内，10cm厚度的居多，而悬空部分往往大于其宽和高，参考王根龙等[1]的研究，将其视为悬臂梁。考虑到岩层倾角45°～65°，则砂岩受力如图4-17所示，即视为斜向悬臂梁作用。

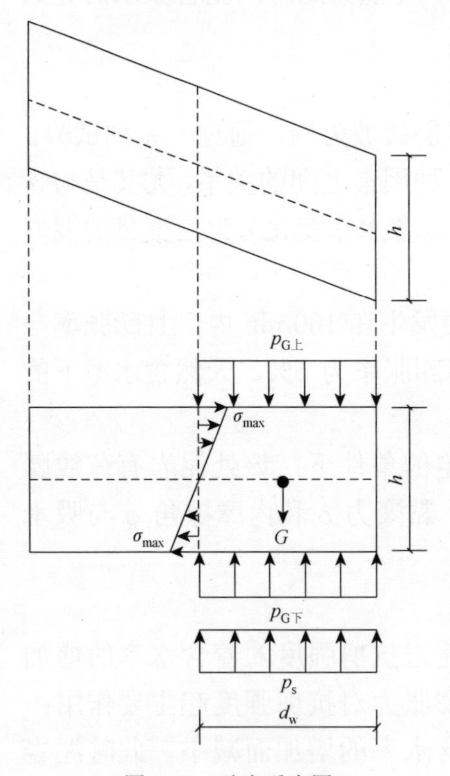

图4-17 砂岩受力图

由于其受力主要为重力方向，可将斜向悬臂梁向水平方向投影，不影响分析其悬臂处的弯曲应力。设风化深度为d_w（水平距离），砂岩厚度为h，上覆地层对砂岩的作用力为$p_{G上}$，下部泥岩对砂岩的作用力为$p_{G下}$，泥岩膨胀力为p_s，风化深度d_w内，该表层的含水率差别不大，为简化计算，可将其假设为均匀分布。d_w深度范围砂岩自重为G。悬臂梁受膨胀力作用弯曲时，其应力分布如图4-17所示，σ_{max}为该截面处的最大应力，其计算式为

$$\sigma_{max}=\frac{M}{Z} \tag{4-10}$$

式中，Z 为抗弯截面模量；M 为该截面处弯矩。

设砂岩厚度为 b，砂岩容重为 γ，取单位厚度（$b=1\text{m}$）砂岩进行分析，则弯矩为

$$\begin{aligned}M&=p_s b d_w \frac{1}{2}d_w+(p_{G下}bd_w-p_{G上}bd_w-G)\frac{1}{2}d_w\\&=\frac{1}{2}p_s b d_w^2+(p_{G下}bd_w-p_{G上}bd_w-\gamma h b d_w)\frac{1}{2}d_w\\&=\frac{1}{2}(p_s+p_{G下}-p_{G上}-\gamma h)bd_w^2\end{aligned}$$

显然 $p_{G下}-p_{G上}=\gamma h$，于是有

$$M=\frac{1}{2}p_s b d_w^2 \tag{4-11}$$

抗弯截面模量 $Z=\frac{1}{6}bh^2$，则该截面处最大应力为

$$\sigma_{max}=\frac{\frac{1}{2}p_s b d_w^2}{\frac{1}{6}bh^2}=3\frac{p_s d_w^2}{h^2} \tag{4-12}$$

设砂岩抗拉强度为 S_t，令 $\sigma_{max}=S_t$，则产生张拉开裂（节理）的临界膨胀力为

$$p_{s,lim}=\frac{S_t h^2}{3d_w^2} \tag{4-13}$$

显然，一旦出现张拉节理，进一步发展需要的膨胀力作用更小，因此在反复干湿循环作用下导致节理的上下贯通。

若设 K_t 为抗裂系数，即抵抗张拉节理能力的系数，可用砂岩抗拉强度与砂岩所受的最大拉应力比值来表示，作为砂岩岩块抗张拉节理能力的判据。其计算公式为

$$K_t = \frac{S_t}{\sigma_{max}} = \frac{S_t}{3\dfrac{p_s d_w^2}{h^2}} = \frac{S_t h^2}{3 p_s d_w^2} \tag{4-14}$$

从式（4-14）可以看出，K_t与h的平方成正比，即砂岩岩层厚度越大，砂岩的抗裂系数越大；K_t与p_s成反比，即泥岩膨胀力越大，砂岩的抗裂系数越小；K_t与d_w的平方成反比，即风化深度越大，砂岩的抗裂系数越小。

2）泥岩崩解致砂岩倾覆崩塌

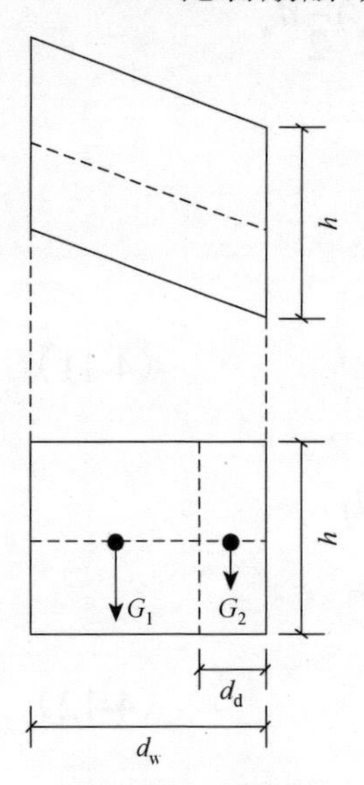

图 4-18　砂岩倾覆稳定性分析简图

部分外露泥岩崩解使得上部砂岩部分悬空，节理贯通后的砂岩岩块处于倾覆失稳的极限状态，即其在自重状态下产生张拉裂隙，继续发展则会打破平衡。此刻即为泥岩崩解致砂岩崩塌所处状态。结合图 4-5（a），可得出此状态的砂岩倾覆稳定分析简图，同理，分析其水平投影，如图 4-18 所示。图中，d_d为砂岩下泥岩崩解深度，即砂岩的悬空深度；d_w为原风化深度；G_1为非悬空砂岩自重；G_2为悬空砂岩自重。

抗倾覆稳定性的概念为，岩体在自重和外荷载作用下抵抗倾倒的能力。此状态下砂岩岩块的倾覆稳定系数K_O，可以用砂岩岩块所受的各种外力对倾覆边产生的稳定力矩与倾覆力矩的比值来表示，作为砂岩岩块抗倾覆能力的判据。其计算公式为

$$K_O = \frac{M_A}{M_O} = \frac{G_1 \dfrac{1}{2}(d_w - d_d)}{G_2 \dfrac{1}{2} d_d} = \frac{\gamma h b (d_w - d_d)\dfrac{1}{2}(d_w - d_d)}{\gamma h b d_d \dfrac{1}{2} d_d} = \frac{(d_w - d_d)^2}{d_d^2} = \left(\frac{d_w - d_d}{d_d}\right)^2 \tag{4-15}$$

式中，M_A为抗倾覆力矩；M_O为倾覆力矩。

从式（4-15）可以看出，砂岩岩块的倾覆稳定系数与d_w和d_d的相对位置有关，当$d_d > 0.5d_w$时，倾覆稳定系数小于 1，处于不稳定状态。

3）泥岩崩解致砂岩滑动崩塌

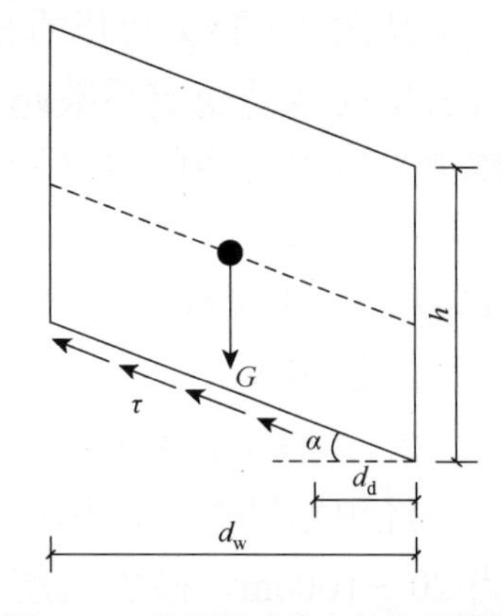

图 4-19　砂岩滑动稳定性分析简图

图 4-5（a）所示状态除可能倾覆失稳外，还可能因砂岩倾角而滑动失稳，滑动稳定性分析简图如图 4-19 所示。图中，G 为砂岩自重；τ 为砂泥岩结合面处抗剪强度。

根据抗滑稳定性的概念，此状态下砂岩岩块的滑动稳定系数 K_s 可以用砂岩岩块所受的总抗滑力与总下滑力的比值来表示，作为砂岩岩块抗滑动能力的判据。其计算公式为

$$K_S=\frac{F_A}{F_S}=\frac{\dfrac{\tau b(d_w-d_d)}{\cos\alpha}}{G\sin\alpha}=\frac{(c+\sigma\tan\varphi)b(d_w-d_d)}{\gamma hbd_w\sin\alpha\cos\alpha}=\frac{(c+\sigma\tan\varphi)(d_w-d_d)}{\gamma hd_w\sin\alpha\cos\alpha} \tag{4-16}$$

其中

$$\sigma=\frac{G\cos\alpha}{\dfrac{b(d_w-d_d)}{\cos\alpha}}=\frac{\gamma bhd_w\cos^2\alpha}{b(d_w-d_d)}=\frac{\gamma hd_w\cos^2\alpha}{d_w-d_d} \tag{4-17}$$

式中，F_A 为总抗滑力；F_S 为总下滑力；c 为砂泥岩结合面处黏聚力；φ 为砂泥岩结合面处内摩擦角。

将式（4-17）代入式（4-16），可得

$$\begin{aligned}K_S&=\frac{\left(c+\dfrac{\gamma hd_w\cos^2\alpha}{d_w-d_d}\tan\varphi\right)(d_w-d_d)}{\gamma hd_w\sin\alpha\cos\alpha}\\&=\frac{c(d_w-d_d)}{\gamma hd_w\sin\alpha\cos\alpha}+\frac{\left(\dfrac{\gamma hd_w\cos^2\alpha}{d_w-d_d}\tan\varphi\right)(d_w-d_d)}{\gamma hd_w\sin\alpha\cos\alpha}\\&=\frac{c(d_w-d_d)}{\gamma hd_w\sin\alpha\cos\alpha}+c\tan\alpha\tan\varphi\end{aligned} \tag{4-18}$$

从式（4-18）可以看出，K_S与h成反比，即砂岩岩层厚度越大，砂岩岩块的滑动稳定系数越小；K_S与$(d_w-d_d)/d_w$成正比，即泥岩崩解深度越大，砂岩岩块的滑动稳定系数越小；K_S与α呈负相关关系，即砂岩岩层倾角越大，砂岩岩块的滑动稳定系数越小；K_S与抗剪强度参数c、φ正相关，即砂泥岩结合面处黏聚力和内摩擦角越大，砂岩岩块的滑动稳定系数越大。

2. 工程实例分析

经现场勘察，坡体地质剖面如图 4-20 所示，该边坡泥岩风化深度为 20～100cm，砂岩岩层厚度为 10～150cm。根据试验[2]，该处泥岩在天然含水率下的最大膨胀力为 150kPa。取砂岩抗拉强度$S_t = 130.5$kPa。按照式（4-4）计算砂岩出现开裂的临界膨胀压力，绘制临界膨胀压力与风化深度关系曲线，如图 4-21 所示。

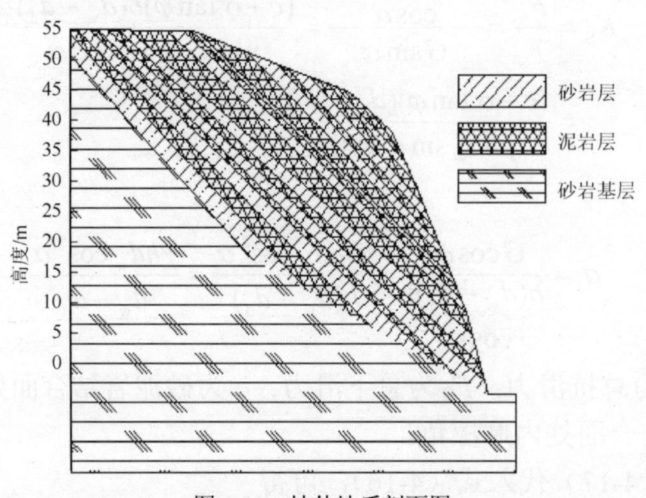

图 4-20　坡体地质剖面图

由此可见，砂岩岩层厚度在 0.1～1.5m，随着风化深度的增加（0.2～1.0m），砂岩开裂所需的泥岩临界膨胀压力均能减小到该处泥岩在天然含水率下的最大膨胀力 150kPa 以内，说明此处泥岩砂岩互层边坡在受到一定程度的干湿循环作用后将会开裂，这与现场情形吻合。

根据式（4-15），砂岩是否倾覆崩塌与d_w和d_d的相对位置有关，显然，当$d_d > 0.5d_w$时，必发生崩塌。为此有必要计算在$d_d < 0.5d_w$时是否会发生滑动崩塌。根据式（4-18），且$(d_w - d_d)/d_w \in$（0.5，1.0）区

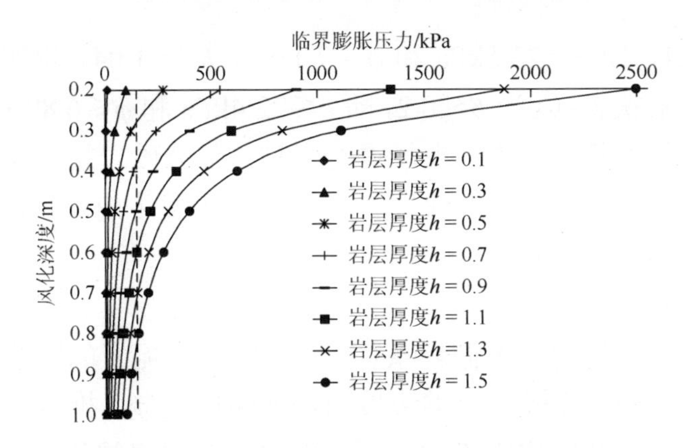

图 4-21 临界膨胀压力与风化深度关系曲线

间，为此以倾覆崩塌临界状态$(d_{\mathrm{w}}-d_{\mathrm{d}})/d_{\mathrm{w}}=0.5$ 时为例，探讨在崩塌前是否存在先发生滑动崩塌的可能性。

根据图 4-2，取砂岩岩层倾角 55°，为分析简便，以砂岩岩层厚度 1m 为例进行计算。考虑到泥岩结合面处抗剪强度指标 c 和 φ 会随着含水率的增加而减小，将二者按照一定比例折减（记为抗剪强度折减系数 β），模拟滑动稳定性受抗剪强度指标减小的影响，根据试验[2]，c 和 φ 的初始值分别取 112kPa 和 34°，结果计算如表 4-3 所示。

表 4-3 滑动崩塌稳定性计算结果

抗剪强度折减系数 β	黏聚力 c/kPa	内摩擦角 φ/(°)	滑动崩塌稳定系数 K_{S}
1.0	112.0	34.0	4.99
0.8	89.6	27.2	3.97
0.6	67.2	20.4	2.97
0.4	44.8	13.6	1.98
0.3	33.6	10.2	1.48
0.21	23.5	7.1	1.04
0.2	22.4	6.8	0.99
0.1	11.2	3.4	0.49

结果表明：①当 $\beta=0.3$，即 $c=33.6\text{kPa}$ 和 $\varphi=10.2°$时，$K_{\mathrm{S}}=1.48$，即使该砂岩层在张拉节理贯通，在一般工况条件下处于基本稳定状况；

②当 $\beta = 0.21$，即 $c = 23.5\text{kPa}$ 和 $\varphi = 7.1°$时，$K_S = 1.04$，说明该砂岩层接近于临界极限状态；③当 $\beta \leqslant 0.2$，即 $c \leqslant 22.4\text{kPa}$ 和 $\varphi \leqslant 6.8°$时，$K_S \leqslant 0.99$，该砂岩层处于不稳定状态。现场调查发现，部分砂岩悬空但并不出现崩塌，在集中降水或泥岩崩解深度较大情况下则发生崩塌，显然计算结果与现场情形吻合。

3. 小结

针对甘肃古浪的干湿循环条件，考虑边坡中泥岩的膨胀性与边坡的顺层和互层结构，分析了此类边坡崩塌产生的机制，推导了干湿循环对泥岩膨胀和软化共同作用相关公式，判定了含水率阈值，进一步推导了膨胀性顺层边坡的砂岩抗裂系数、倾覆和滑动稳定系数计算公式。主要结论如下：

（1）膨胀性顺（互）层边坡崩塌机制为受干湿循环作用，软层泥岩反复胀缩，致硬层砂岩产生节理并贯通；在集中降水作用下，泥岩崩解砂岩悬空，极限平衡打破则形成倾覆崩塌或滑动崩塌。

（2）悬空砂岩抗裂系数与砂岩岩层厚度的平方成正比，与下层泥岩的膨胀力成反比，与下层泥岩风化深度的平方成反比。

（3）悬空砂岩的倾覆稳定系数主要与泥岩初始风化深度和崩解深度的相对位置有关，泥岩的崩解深度越大，倾覆稳定系数越小。

（4）悬空砂岩的滑动稳定系数与砂岩岩层厚度成反比，与$(d_w - d_d)/d_w$成正比，与砂岩岩层倾角呈负相关关系，与抗剪强度参数 c、φ 呈正相关关系。

（5）以该古浪边坡为实际工程背景：①当抗剪强度折减系数 $\beta = 0.3$ 时，该砂岩层在张拉节理贯通时，在一般工况条件下处于基本稳定状况；②当 $\beta = 0.21$ 时，该砂岩层接近于临界极限状态；③当 $\beta \leqslant 0.2$ 时，该砂岩层处于不稳定状态。计算结果与现场情形吻合。

4.3 古浪软硬互层边坡崩塌整治研究

4.3.1 综合整治措施研究

1. 崩塌后边坡进一步变形破坏机制的数值分析

为进一步了解崩塌发生后边坡整体稳定性状况及变形破坏模式，

在工程地质条件调查、变形破坏机理定性分析的基础上，建立反映边坡结构特征的地质模型，采用有限元数值模拟技术，研究边坡应力、位移的分布特征，分析边坡整体稳定性状况。计算结果表明，天然状态下，凹腔上部浅表层存在一定范围的拉应力分布，量值在 20kPa 左右，拉应力的存在可能造成岩体沿陡倾卸荷裂隙产生拉裂；凹腔以下的软岩泥岩部位也出现一定范围的拉应力，主要是软岩产生塑性挤出变形；边坡的变形主要集中在凹腔上部强卸荷部位的浅表层，竖直方向位移最大可达 6.5cm。暴雨状态下坡体的应力状态相对天然状态变化不大，不过裂隙内充水后产生的静水压力会推动岩体向临空方向产生变形，因此暴雨状态时其变形量值比天然状态时有所增加，其竖向位移量值可达 14.0cm。

根据边坡拉应力、变形特征分析，边坡整体稳定性较好，产生整体变形破坏的可能性不大；不过边坡存在危岩体失稳的可能性，主要表现为凹腔上部局部块体崩塌。

2. 基于强度理论的稳定性评价

结合二维有限元计算结果和变形破坏模式，崩塌发生后凹腔上部岩体受拉，变形加剧，坡体存在危岩体。选取一典型危岩体，对该危岩体进行稳定性计算。按照危岩体的破坏模式及其基本特征，建立实际计算模型，采用基于强度理论的稳定性计算方法进行计算。计算参数根据工程类比参数进行取值。计算时，根据结构面实际贯通程度，按照贯通程度取 40%、50%、60%、70%、80%、90%、100%，分别进行计算。根据危岩体的实际情况和所处的地质环境，认为边坡危岩体可能面临 4 种工况：天然状态、天然+暴雨（持续降水）、天然+地震、天然+暴雨+地震。其中考虑地震的影响时，地震系数取 0.1。

计算结果表明，结构面连通率对危岩体稳定性影响较大，危岩体稳定性受裂隙充水程度影响较大，具体表现为：暴雨情况下，假定后缘裂隙完全充水，在后缘裂隙贯通程度≤60%时，稳定性较好；在裂隙贯通程度＞60%时，稳定性系数一般小于 1，危岩体产生坠落失稳的可能性较大。由于危岩体多处于凹腔上部，在自重、静水压力、地下水对泥岩的软化、地震等作用下，裂隙贯通程度可能逐渐增大，引起危岩体失稳。

针对上述分析，选取具有代表性的危岩体，采用基于强度理论的方法对危岩体在不同工况下的稳定性进行验算，结果和二维有限元计算是相吻合的。边坡的变形主要集中在凹腔上部强卸荷部位的浅表层，而且当凹腔以上危岩体后缘裂隙贯通程度>60%时，危岩体产生坠落失稳的可能性较大。

3. 边坡治理设计

结合坡体地质条件、岩体结构特征、变形破坏模式及稳定性状况以及崩塌后边坡的实际形态，综合考虑各种工程措施的技术、经济、施工等诸方面的适宜性，确定如下治理工程方案：清坡+局部削坡、挂网喷混凝土、钢筋混凝土支撑柱和排水等，详述如下。

（1）清坡+局部削坡。施工前应首先清理坡面上分布的威胁施工安全且产生明显松动的块石。

（2）挂网喷混凝土。除砂岩凹腔及支撑柱部位外，采用挂网喷混凝土进行坡面防护，挂网钢筋ϕ8@20×20cm，挂网锚杆ϕ22@4×4m，$L=4$m，采用C20混凝土，厚度10cm；两支撑柱之间采用素喷混凝土（C20，厚度10cm）进行坡面防护。

（3）钢筋混凝土支撑柱。对坡体上两处较大凹腔采用钢筋混凝土支撑柱进行支撑。经验算，确定两根支撑柱的截面尺寸均为800mm×600mm，支撑柱长度分别为17.58m和9.577m，布置ϕ28，$L=6$m、8m锚杆。两个支撑柱采用相同配筋，纵向受力钢筋为18ϕ28，钢筋沿柱截面四周均匀通长布置；箍筋采用ϕ12@400布置，并设置附加箍筋，在钢筋搭接处，箍筋局部加密。

（4）浆砌块石嵌补墙。自上部凹腔底部沿泥岩层面向内清坡至凹腔内侧节理，砌筑浆砌块石支撑墙至凹腔顶板。墙体底部设泄水孔一个，墙体布置2ϕ28，$L=6$m锚杆。

（5）排水工程。在底部砂泥岩岩层分界处布置ϕ90、$L=6$m的仰斜排水孔；在砂岩及上部泥岩部位布置ϕ40@×4m、$L=4$m的系统排水孔，底部泥岩根据喷混凝土后坡面潮湿情况增设仰斜排水孔。

（6）边坡变形监测。为保证施工期及运营期间安全，凹腔上部布置一支12m长的4点式多点位移计。

受自然边坡和开挖边坡临空条件的影响，边坡岩体中产生卸荷变形，在硬质岩体中形成陡倾坡外的卸荷裂隙，为岩体的失稳提供了后缘边界；开挖后在风化营力长期作用下，软硬岩体产生明显的差异风化，使软硬岩层交界处的软岩内缩，形成凹岩腔；硬岩外悬，形成悬挑状危岩；随着风化的进行，凹岩腔越来越大，逐渐使陡倾坡外裂隙底部临空并逐渐贯通，最终发生崩塌。

崩塌发生后在坡体内形成多处凹岩腔，岩体悬空现象明显。凹岩腔上部岩体应力场和变形均出现明显异常，在暴雨条件下悬空岩体变形明显增大。在自重、静水压力、地下水对泥岩的软化、地震等作用下，后缘裂隙贯通程度逐渐增大，可能引起悬空危岩体失稳。

详细的野外地质调查和勘测数据以及大量的数值计算，为边坡治理方案提供了科学依据。“清坡+局部削坡+挂网喷混凝土+钢筋混凝土支撑柱+排水”的治理对策，可减少工程治理对地质环境的破坏。

4.3.2　锚杆框架结构优化分析

1. 锚杆间距对预应力锚杆框架影响性分析

选用预应力锚杆框架作为坡体支护结构可以从根本上改善边坡整体的力学性能和受力状态，使传统支护结构的被动挡护变为充分利用边坡整体自稳能力的主动支护结构，从而有效地进行崩塌病害治理。

1）框架结构分析基准的选择

框架结构计算模型采用数值软件进行三维建模，模型所需的介质参数与前面保持一致。在三维模型中，预先设定了大量数据监测点，对框架结构、锚杆结构和坡体位移等数据进行监测。为了能够准确地确定框架结构的比较基准，模型选取边坡坡高为31m，采用二级削坡措施，每一级坡高为15.5m，初步拟设计布置五排锚杆，锚杆的水平间距设定为2.5m，锚杆的竖直间距设定为2.5m，坡顶距离第一排锚杆1.5m，框架结构的截面尺寸暂时设定为 $b\times h = 300\text{mm}\times 300\text{mm}$，混凝土强度选定为C25，支护结构如图4-22所示。

由于立柱是对称的，只在图4-22中表示出了边柱和中柱，弯矩以框架受压为负、受拉为正，剪力以锚杆顺时针旋转为正、逆时针旋转为负。图4-23和图4-24分别为横梁弯矩图和剪力图，图4-25和图4-26分别为立柱弯矩图和剪力图。

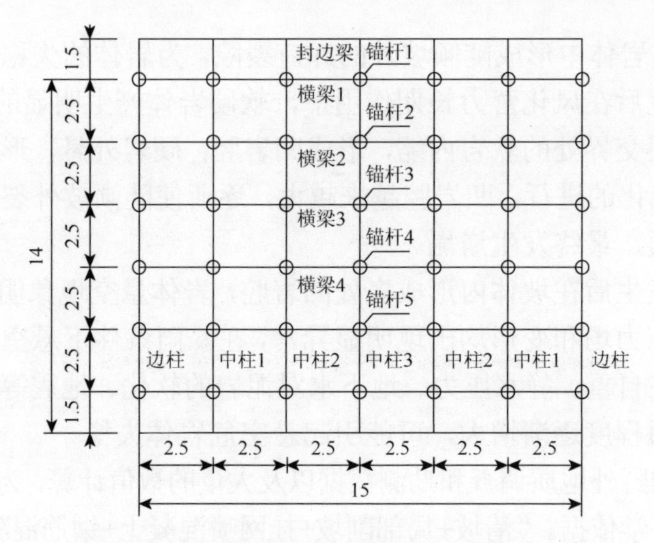

图 4-22 预应力锚杆框架支护结构（单位：m）

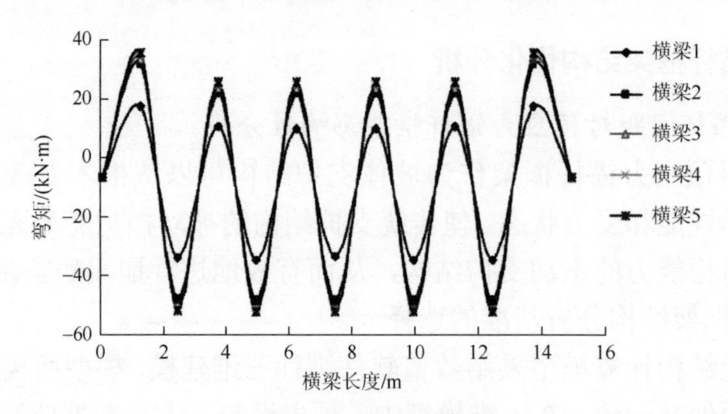

图 4-23 横梁弯矩图

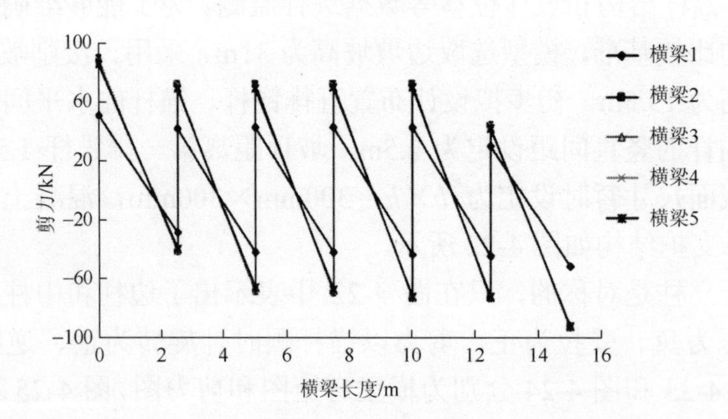

图 4-24 横梁剪力图

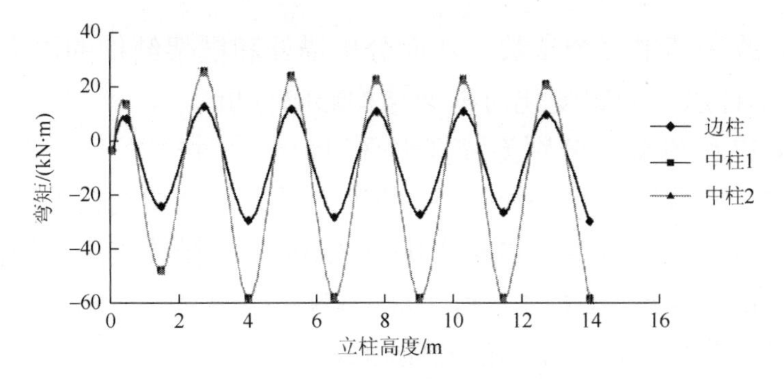

图 4-25 立柱弯矩图

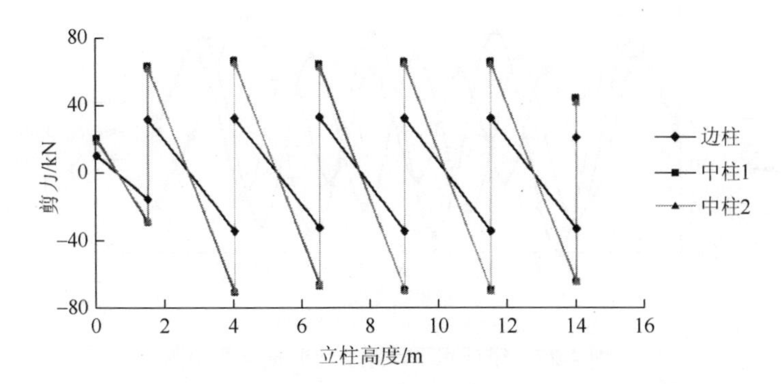

图 4-26 立柱剪力图

根据图 4-23～图 4-26 可以得出以下几点结论：①横梁的端跨支座位置的弯矩数值较大，横梁 2、3、4、5 的弯矩数值非常接近，在横梁设计时可以将横梁 3 或者横梁 4 作为设计基准。②横梁 2、3、4、5 的剪力数值明显要大于横梁 1，并且横梁 2、3、4、5 的剪力值基本相等。③立柱上部的弯矩数值比较大，中部区域弯矩分布较均匀，底部的弯矩较小，并且在第一排锚杆位置处弯矩最大，立柱整体弯矩分布形状与梯形土压力的分布吻合。④立柱两端产生的剪力比较小，中部区域剪力分布均匀，但是数值较大；从数值上看，中柱 1 和中柱 2 剪力比较接近，边柱剪力大致为中柱数值的一半，因此从设计角度看，可以将中柱 1 或中柱 2 作为设计基准。

锚杆间距变化对于框架结构的影响分析。锚杆间距的参数主要有水平间距、竖向间距，这两个参数直接影响锚杆所受到的轴力和框架的内力，因此，以上述锚杆间距参数为基准，假设在其他参数保持不变的前提下，只改变其中一个参数，从而分析锚杆和框架结构的内力变化。

2）锚杆水平间距变化对框架结构影响分析

图4-27和图4-28分别为锚杆水平间距变化时横梁弯矩图和剪力图。由图可知，随着锚杆水平间距 S_h 的迅速增大，框架结构的横梁弯矩数值也迅速增大，当 S_h 由 2.5m 变化为 3.5m 时，横梁支座弯矩的最大绝对值由 53.25kN·m 迅速增大到 102.45kN·m；同时锚杆水平间距的改变对横梁剪力的影响也呈相同的变化趋势。

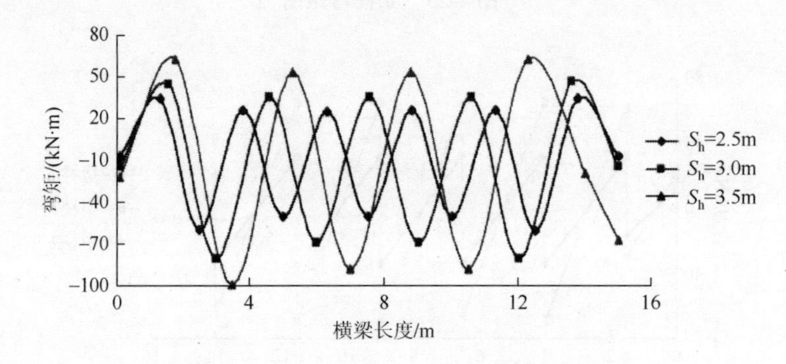

图 4-27　锚杆水平间距变化时横梁弯矩图

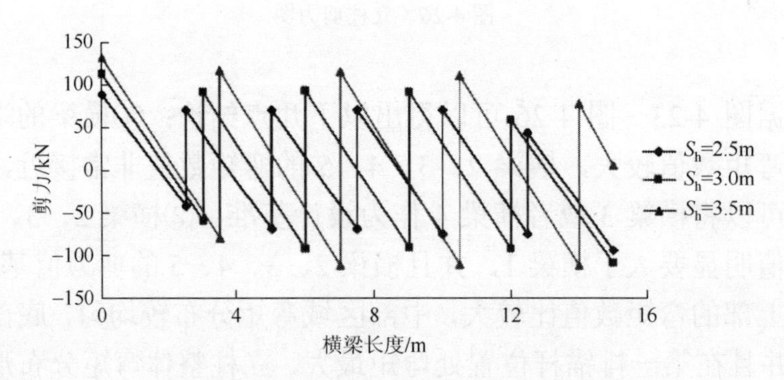

图 4-28　锚杆水平间距变化时横梁剪力图

图4-29和图4-30分别为锚杆水平间距改变时立柱弯矩图和剪力图。由图可知，锚杆水平间距发生改变时，对框架结构立柱中下部的影响可以忽略不计，对上部第一排锚杆位置处影响明显，主要原因是第一排锚杆以上的区域立柱均处于悬臂梁状态。锚杆水平间距变化对立柱剪力数值的影响也呈现类似于弯矩的变化情况。

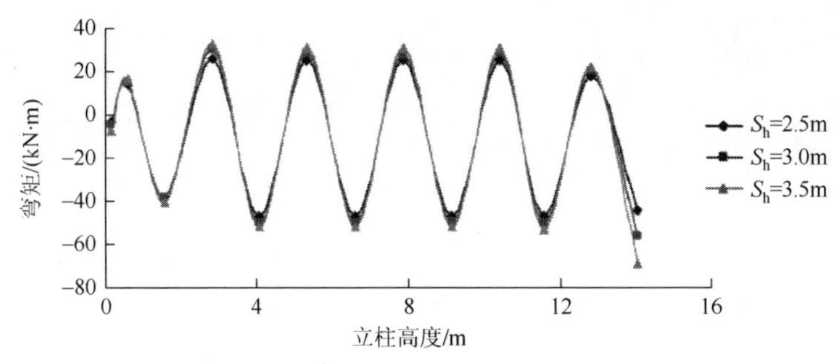

图 4-29　锚杆水平间距变化时立柱弯矩图

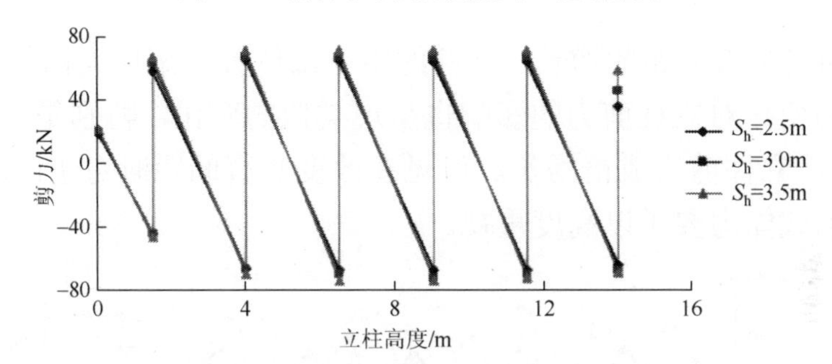

图 4-30　锚杆水平间距变化时立柱剪力图

3）锚杆竖直间距变化对框架结构影响分析

图 4-31 和图 4-32 分别为锚杆竖直间距变化时横梁弯矩图和剪力图。由图可知，锚杆竖直间距 S_v 发生改变时，框架结构横梁弯矩和剪力几乎不发生改变，这表明锚杆竖直间距改变时对框架结构横梁的影响可以忽略不计。

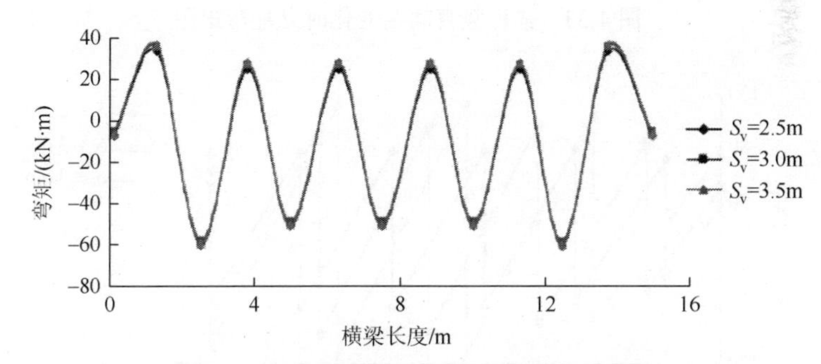

图 4-31　锚杆竖直间距变化时横梁弯矩图

图 4-33 和图 4-34 分别为锚杆竖直间距变化时立柱弯矩图和剪力图。由图可知，锚杆竖直间距 S_v 变化时，框架结构立柱弯矩的数值也会发生较大幅度的变化。特别是当 S_v 由 2.5m、3.0m 变化到 3.5m 时，立柱的最大弯矩位置由第一排锚杆位置下移至第二排，数值上也有很大程度的

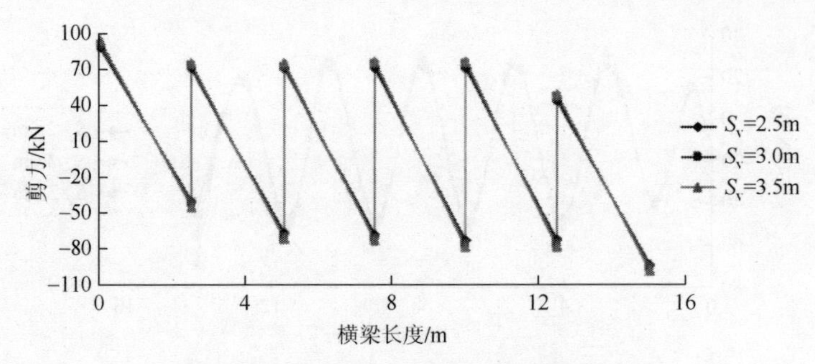

图 4-32 锚杆竖直间距变化时横梁剪力图

增长。随着竖直间距的增长，立柱的中下部位置弯矩也大幅度增大；竖直间距的变化对立柱剪力的影响也呈现类似的变化，特别是 S_v 增大到 3.5m 时，立柱剪力成倍增长。可见在改变竖直间距时对于立柱的抗弯和抗剪承载能力要予以高度重视。

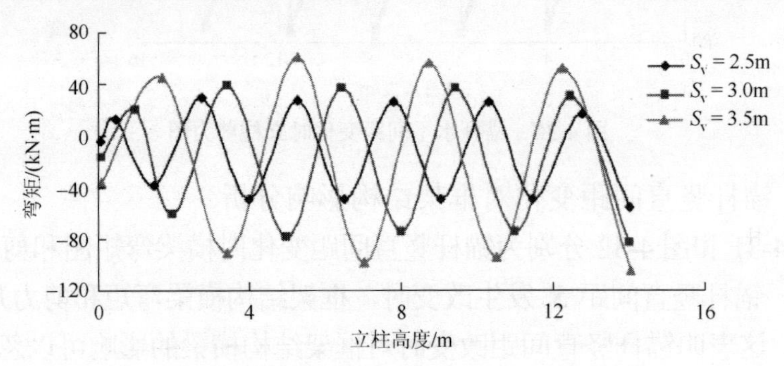

图 4-33 锚杆竖直间距变化时立柱弯矩图

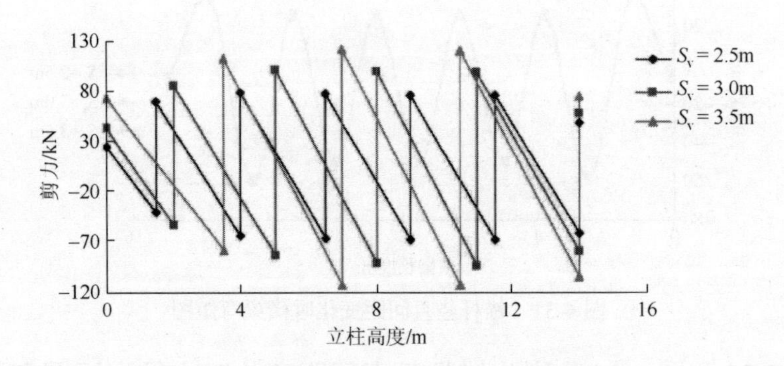

图 4-34 锚杆竖直间距变化时立柱剪力图

综合分析锚杆间距的改变对框架结构内力的影响可以看出，当水平间距和竖直间距作为独立改变参数时，对框架结构横梁和立柱的影响是相对独立的，即水平间距在小范围改变的过程中只对横梁的内力产生影响，竖直间距改变时只对立柱的内力产生影响。

4）锚杆间距设计的相对最优组合

合理的锚杆间距在设计过程中要考虑以下三个方面：①横梁与立柱的最大弯矩和最大剪力最好是比较接近，有利于锚杆框架结构受力；②立柱和横梁在高度和长度方向上受力最好均匀，这样既方便配筋，又不容易造成钢筋浪费；③锚杆的承载力要合理，在工程结构设计过程中，要保证单根钢筋能够满足承载力的要求。

在考虑以上三点的基础上，本节共设计四种不同结构间距组合情况，如图 4-35～图 4-38 所示。通过分析这四种不同组合情况下锚杆和

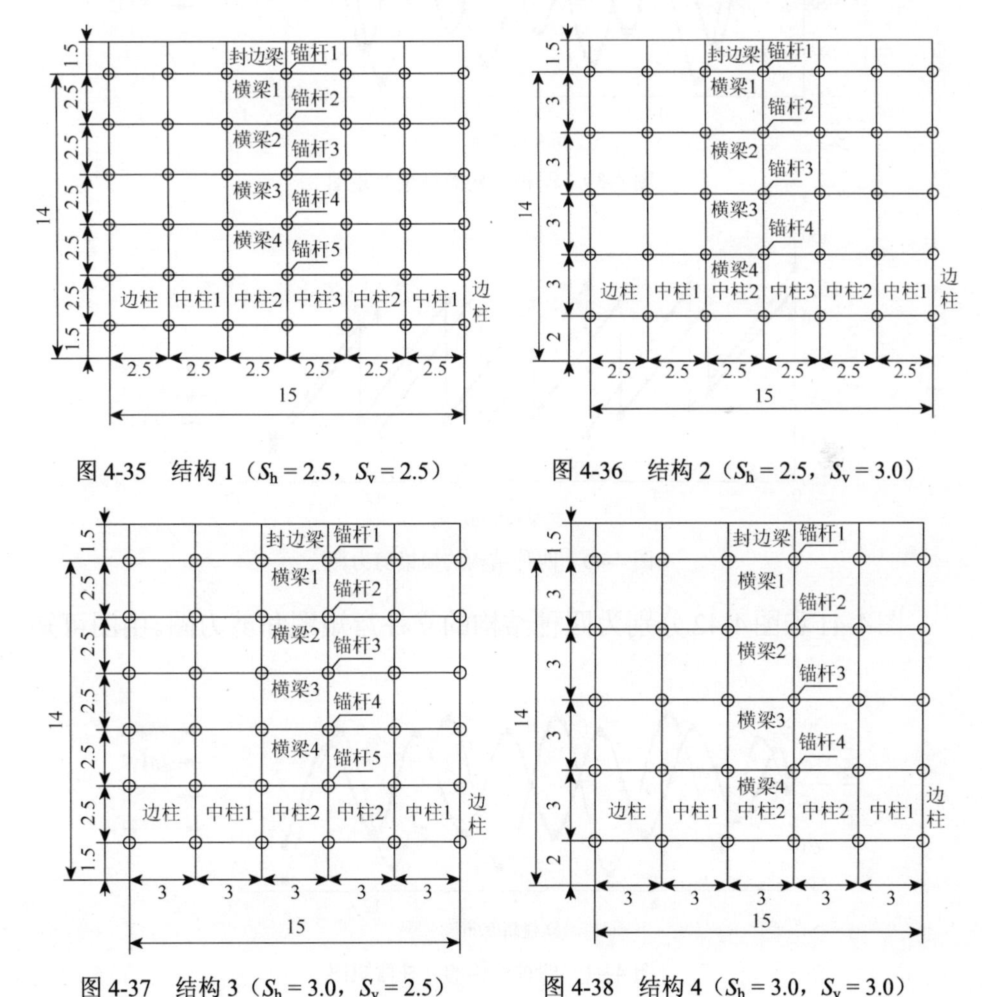

图 4-35　结构 1（$S_h = 2.5$，$S_v = 2.5$）

图 4-36　结构 2（$S_h = 2.5$，$S_v = 3.0$）

图 4-37　结构 3（$S_h = 3.0$，$S_v = 2.5$）

图 4-38　结构 4（$S_h = 3.0$，$S_v = 3.0$）

框架结构内力来确定其相应的优缺点，以此在锚杆不同间距设计参数中寻找相对最优组合。

图 4-39 和图 4-40 分别为四种结构的横梁弯矩图和剪力图。由图可知，结构 1、2 横梁弯矩的绝对值明显小于结构 3、4，这是由于框架结构的横梁受锚杆水平间距影响明显，锚杆竖直间距对横梁弯矩的影响可以忽略不计。剪力绝对值的变化规律与弯矩类似。

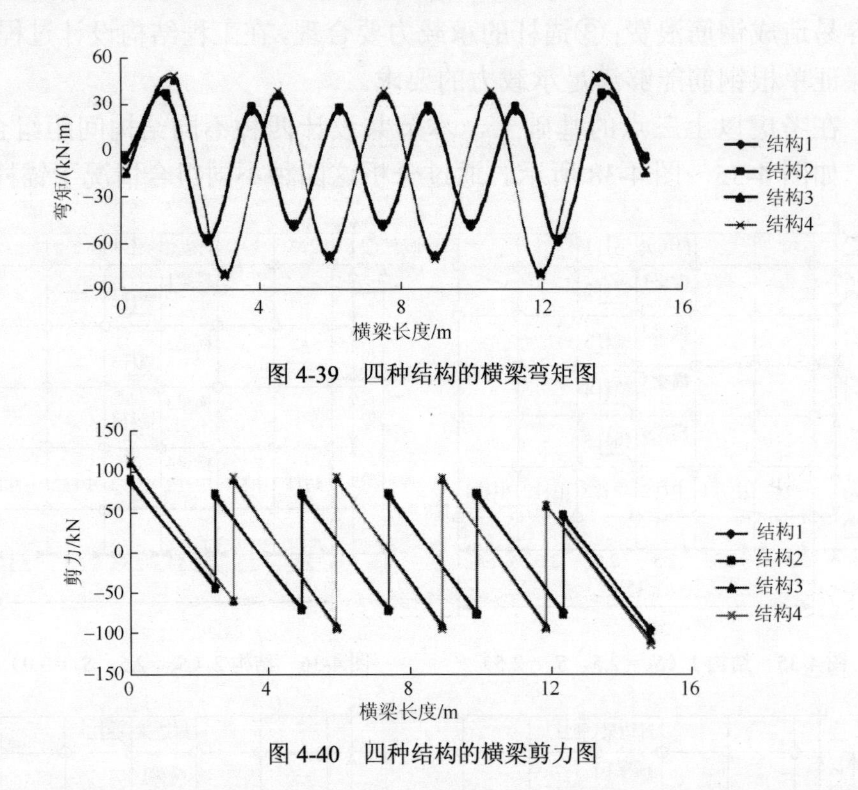

图 4-39　四种结构的横梁弯矩图

图 4-40　四种结构的横梁剪力图

图4-41和图4-42分别为四种结构的立柱弯矩图和剪力图。由图可知，

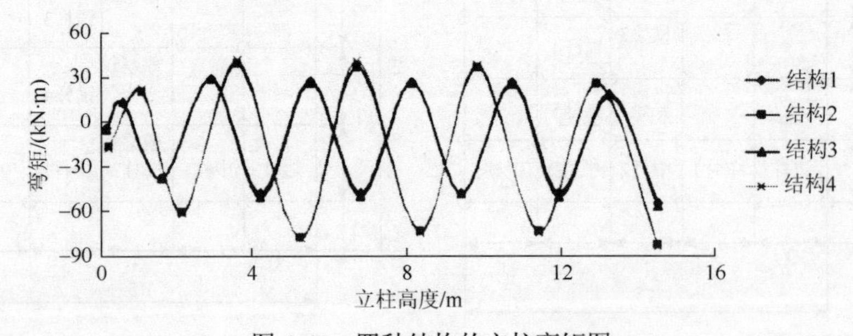

图 4-41　四种结构的立柱弯矩图

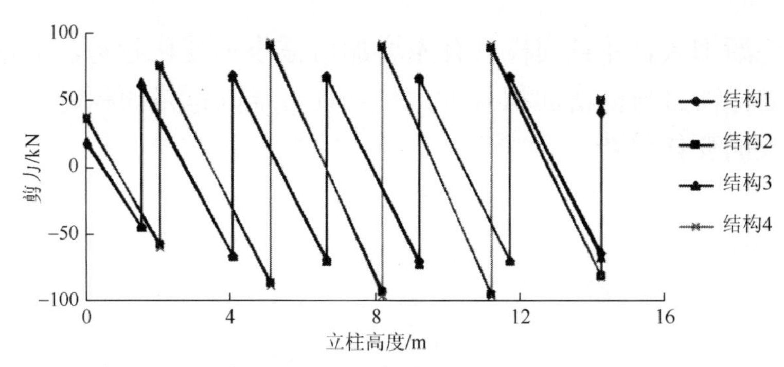

图 4-42 四种结构的立柱剪力图

结构 1、3 立柱弯矩的绝对值明显小于结构 2、4，这是由于框架结构的立柱受锚杆竖直间距影响明显，锚杆水平间距对立柱弯矩的影响可以忽略不计。剪力绝对值的变化规律与弯矩类似。

由上述可知，锚杆水平间距增大，横梁的弯矩和剪力迅速增长；锚杆竖直间距增大，立柱的弯矩和剪力快速增加。并且由表 4-4 可以看出，结构 2、3 的横梁与立柱的弯矩和剪力分布极不均匀；结构 4 弯矩和剪力的最大绝对值分布也不均匀，并且数值较大，不利于框架结构的使用寿命，因此可以得出在仅考虑锚杆间距的情况下，结构 1 是相对最优的框架结构。

表 4-4 不同锚杆间距组合条件下框架立柱和横梁的最大弯矩、最大剪力

序号	间距组合 $S_h \times S_v$/(m×m)	弯矩/（kN·m）				剪力/kN			
		立柱		横梁		立柱		横梁	
1	2.5×2.5	32.16	−50.68	36.47	−58.77	66.82	−69.61	86.38	−87.38
2	2.5×3.0	42.90	−77.99	36.40	−58.19	92.69	−96.64	91.364	−96.364
3	3.0×2.5	32.85	−48.79	48.72	−82.65	66.15	−69.22	112.13	−113.13
4	3.0×3.0	42.97	−77.54	48.88	−58.41	92.97	−96.01	114.29	−113.29

5）锚杆间距对锚杆的影响分析

图 4-43 为不同间距组合下锚杆轴力图。由图 4-43 可知，当水平间距增加时，对比结构 1、3 曲线可以看出，锚杆轴力逐渐增大，并且具有先增大后减小的变化趋势，随着锚杆根数的增多，锚杆受力逐渐呈均匀变化的趋势。当竖直间距增大时，对比结构 1、2 曲线可以看出，锚

杆轴力逐渐增大，并且同样具有先增加后减小的变化趋势，总体呈“弓形”。锚杆轴力与框格面积有关，并且具有锚固框格面积越大，锚杆轴力就越大的变化趋势。

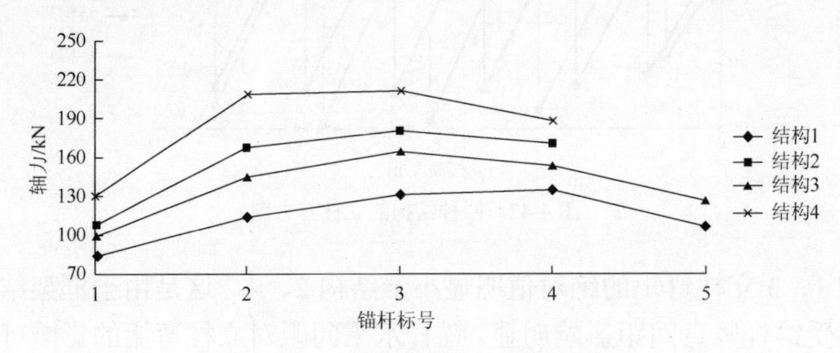

图 4-43　不同间距组合下锚杆轴力图

综合上述分析，如果锚杆布置密集，需要大量的锚杆钢筋，既不经济又会延长工期，但是如果锚杆布置过于稀疏，对锚杆承载能力要求较高。由于锚杆拉力的大小与框格的面积有直接关系，并且框格面积越大，锚杆承受的轴力越大，四种结构分别对应的框格面积为 6.25m^2、7.5m^2、7.5m^2、9m^2，结合前面的分析，当框格面积为 6.25m^2 时锚杆拉力比较合理，此时为结构 1，水平间距和数值间距均为 2.5m。

2. 基于相同工程量预应力锚杆框架优化分析

边坡工程是一个系统的工程，目前的优化设计理论是支护设计部分，分为两个步骤，即支护方案的优化选择和支护方案的优化设计。根据工程经验，从几种可行的方案中选取一种比较合理的设计方案，然后对该方案的参数细部进行系统的优化。本章主要在几种常见的预应力杆框架支护方案中，在相同工程量的基础上进一步进行优化设计，从而选取既有利于坡体稳定，又有良好经济效益的锚杆框架结构。本节是在前面已经确定出锚杆间距采用 2.5m×2.5m 作为最优组合的基础之上，在工程量统一的前提下，对四种常见工程结构进行分析。

1）基于相同工程量不同结构对框架的影响

（1）支护方案工程量确定。以锚杆间距为 2.5m×2.5m 的工程用量作为计算基准，为了便于工程量计算，取该支护结构长 15m、高 15.5m 的区域进行工程量计算，依照《全国统一建筑工程预算工程量计算规则》（GJ DGZ-101—95）的规定进行计算，结果如表4-5和表4-6所示。

表4-5 不同锚杆间距组合工程用量表1

序号	间距组合 $S_h \times S_v$/(m×m)	工程量			
		ϕ3 锚杆/m	Ⅰ级钢筋/t	Ⅱ级钢筋/t	C25 混凝土/m^3
1	2.5×2.5	252	1.367	4.089	21.45
2	2.5×3.0	252	1.367	4.089	21.45
3	3.0×2.5	252	1.367	4.089	21.45
4	3.0×3.0	252	1.367	4.089	21.45

表4-6 不同锚杆间距组合工程用量表2

序号	间距组合 $S_h \times S_v$/(m×m)	预应力锚杆框架结构				
		锚杆根数	锚杆长度/m	自由段/m	锚固段/m	框架截面/m×m
1	2.5×2.5	42	7	3	4	横梁 0.30×0.30 立柱 0.30×0.30
2	2.5×3.0	35	8.4	3	5.4	横梁 0.30×0.30 立柱 0.34×0.34
3	3.0×2.5	36	8.1	3	5.1	横梁 0.34×0.34 立柱 0.30×0.30
4	3.0×3.0	30	9.8	3	6.8	横梁 0.34×0.34 立柱 0.34×0.34

从表4-6可以看出，在工程量相同的前提条件下，结构1与以前所述的设计仍然保持一致，但结构2、3、4的预应力锚杆和框架发生了很大的改变，结构2的锚杆长度变为8.4m，自由段为3m，锚固段为5.4m，立柱截面为0.34m×0.34m，横梁截面仍为0.30m×0.30m；结构3的锚杆长度变为8.1m，自由段为3m，锚固段为5.1m，立柱截面为0.30m×0.30m，横梁截面仍为0.34m×0.34m；结构4的锚杆长度变为9.8m，自由段为3m，锚固段为6.8m，立柱截面为0.34m×0.34m，横梁截面仍为0.34m×0.34m。以上四种结构锚杆框架布置图如图4-35～图4-38所示。

（2）不同支护方案及设计。在设计工程中依照《建筑边坡工程技术规范》（GB 50330—2013）中的规定，锚杆锚固体的直径采用 150mm，锚杆的水平倾角暂时拟定为 20°，预应力暂时拟定为 70kN，采用中等强度预应力钢丝。

（3）不同结构对框架的影响。

①相同工程量条件下不同结构对框架横梁的影响。在工程量相同的前提下，由于设计结构发生了一定程度的改变，对框架结构横梁的内力产生了一定影响，同时横梁的截面尺寸发生改变，因此本节不再对框架结构横梁的内力进行单独讨论，主要通过比较框架横梁所承受的正应力和剪应力，从而说明结构变化对横梁产生的影响。图 4-44 和图 4-45 分别为不同间距下横梁正应力图和剪应力图，图中所给出的应力均为横梁 3 的应力。

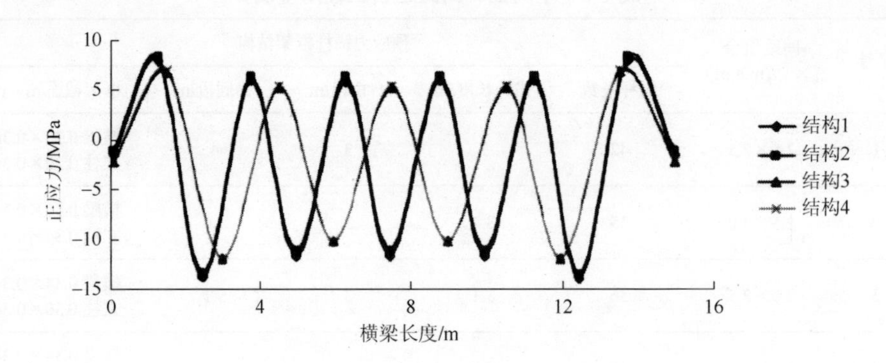

图 4-44 不同间距横梁正应力图

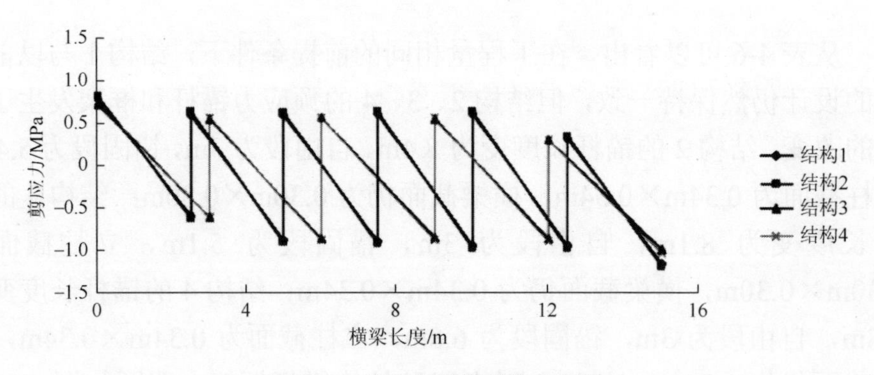

图 4-45 不同间距横梁剪应力图

由图 4-44 和图 4-45 可知，通过比较结构 1、结构 3 和结构 4 的正应力曲线可以看出，结构 3 和结构 4 框架横梁的正应力小于结构 1，这种变化是结构 3 和结构 4 的横梁截面增大和锚杆长度增加造成的；通过比较结构 1 和结构 2 的正应力曲线可以看出，锚杆长度对框架横梁的正应力影响非常小；比较结构 1、结构 2 和结构 4 的正应力曲线可以看出，横梁截面是影响横梁正应力变化的主要因素，横梁的剪应力变化规律与正应力基本一致，就不再做过多论述。

为了便于比较四种结构横梁应力大小，给出了横梁正应力和剪应力最大值连线图。由于 Y 轴正方向和负方向的变化规律一致，因此只给出了 Y 轴正方向正应力、剪应力的最大值连线图，分别如图 4-46 和图 4-47 所示。可以明显看出，结构 3、结构 4 横梁所承受的正应力和剪应力小于结构 1、结构 2。

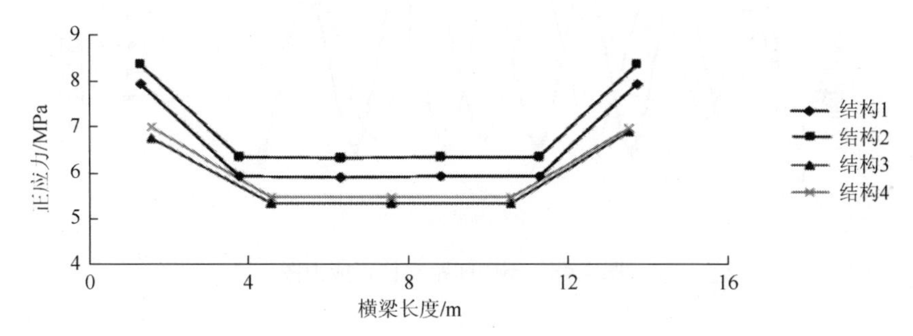

图 4-46 Y 轴正方向不同间距横梁正应力最大值连线图

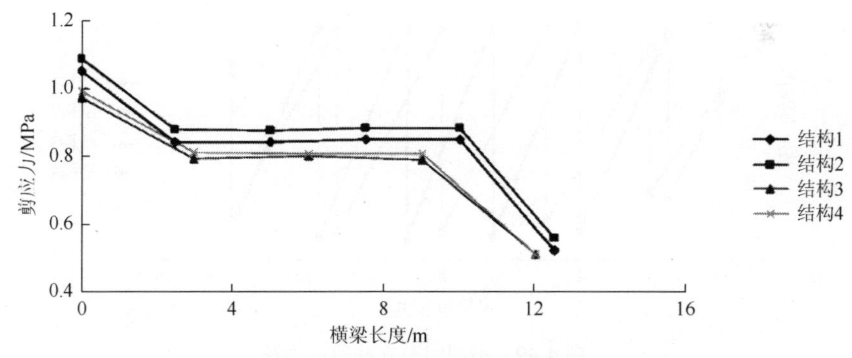

图 4-47 Y 轴正方向不同间距横梁剪应力最大值连线图

综合上述分析可以得出：①在工程量相同的前提下，设计结构发生了一定程度的改变，在这些改变因素中，横梁截面的改变对横梁所承受的正应力和剪应力的影响程度比较大；②在工程量相同的条件下，从对横梁所承受应力的角度分析，结构 3 和结构 4 是有利于框架整体结构的设计。

②相同工程量条件下不同结构对框架立柱的影响。在工程量相同的前提下，设计结构发生了一定程度的改变，对框架结构立柱的内力产生了一定影响，同时部分结构立柱的截面尺寸发生改变，因此本节不再对框架结构立柱的内力进行单独讨论，主要通过比较框架立柱所承受的正应力和剪应力，从而说明结构变化对立柱产生的影响。图 4-48 和图 4-49 分别为不同间距立柱正应力图和剪应力图，图中所给出的应力均为中柱 2 的应力。

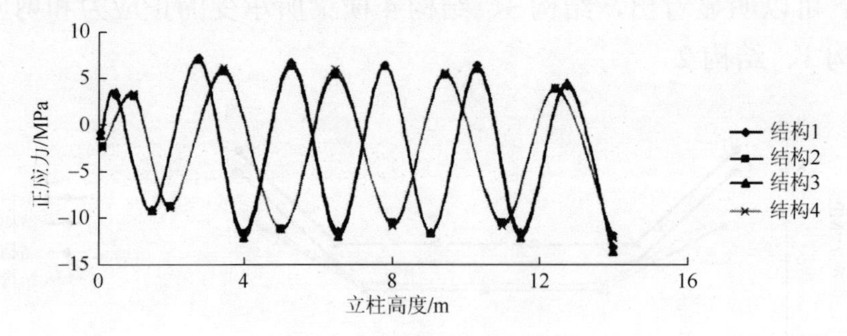

图 4-48　不同间距立柱正应力图

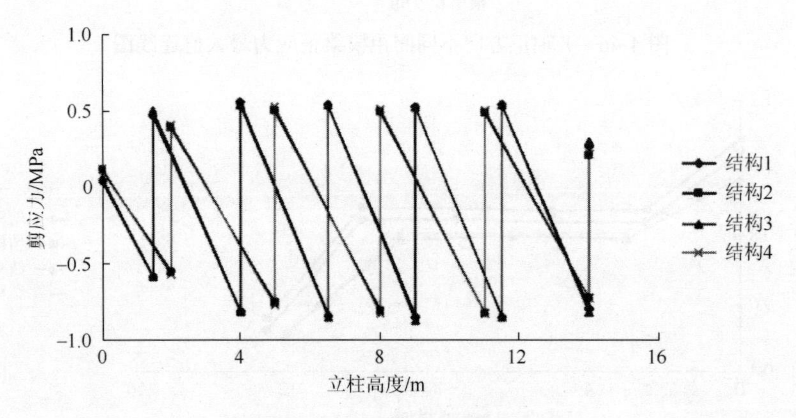

图 4-49　不同间距立柱剪应力图

由图 4-48 和图 4-49 可知，通过比较结构 1、结构 2 和结构 4 的正应力曲线可以看出，结构 2 和结构 4 立柱的正应力小于结构 1，这种变化是结构 2 和结构 4 的立柱截面增大和锚杆长度增加造成的；通过比较结构 1 和结构 3 的正应力曲线可以看出，锚杆长度对框架立柱正应力的影响非常小；比较结构 1、结构 3 和结构 4 的正应力曲线可以看出，立柱截面是影响立柱正应力变化的主要因素。立柱的剪应力变化规律与正应力基本一致，就不再做过多论述。

为了便于比较四种结构立柱应力大小，给出了立柱正应力和剪应力最大值连线图。由于 *Y* 轴正方向和负方向的变化规律一致，因此只给出了 *Y* 轴正方向正应力、剪应力的最大值连线图，分别如图 4-50 和图 4-51 所示。可以明显看出，结构 2、结构 4 立柱所承受的正应力和剪应力小于结构 1、结构 3。

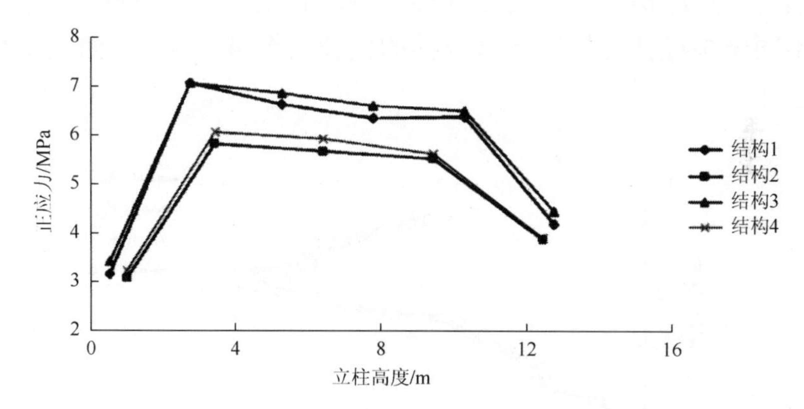

图 4-50　*Y* 轴正方向不同间距立柱正应力最大值连线图

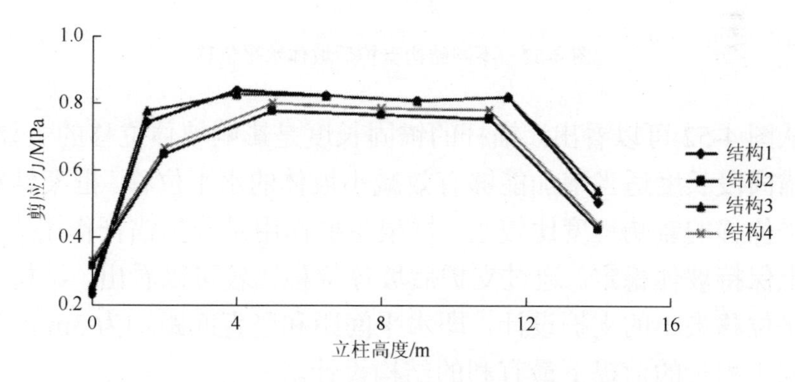

图 4-51　*Y* 轴正方向不同间距立柱剪应力最大值连线图

综合上述分析可以得出：①在工程量相同的前提下，设计结构发生了一定程度的改变，在这些改变因素中，立柱截面的改变对立柱所承受的正应力和剪应力的影响程度比较大；②在工程量相同的条件下，从对立柱所承受应力的角度分析，结构 2 和结构 4 是有利于框架整体结构的设计。

综合四种常见框架结构的应力比选可以得出，基于相同工程量的前提，通过于横梁和立柱所承受应力的角度综合分析，在四种不同结构设计中，结构 4 是最有利于框架整体稳定的设计，即水平间距和竖直间距均为 3m 的结构。

2）基于相同工程量不同支护结构对坡体位移的影响

任何坡体结构的支护设计均是为坡体稳定服务的，支护后的坡体位移是判定支护结构的主要判定标准。本节就是在相同工程量的前提下，四种不同结构设计支护后坡体位移的比较（图 4-52），从而确定最优的支护设计。

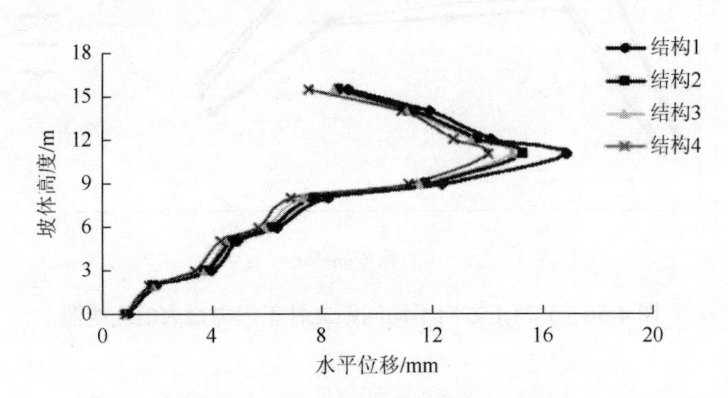

图 4-52　不同结构支护后坡体水平位移

从图 4-52 可以看出，锚杆的锚固长度是影响坡体位移的主要因素，并且锚固段长度适当增加能够有效减小坡体的水平位移。框架结构对坡体水平位移的影响程度比较小，框架主要作用是分担锚杆作用力，从而整体上保持坡体稳定。通过支护后坡体位移比较可以看出，结构 4 是坡体水平位移最小的支护设计，即水平间距和竖直间距均为 3m 的结构是在相同工程量的前提下最有利的结构设计。

3）基于相同工程量预应力锚杆优化

（1）锚杆水平倾角优选。本节是在上述基于相同工程量的条件下所确定的最优支护结构设计，即在结构 4 水平间距和竖直间距均为 3m 的结构基础之上，保持其他条件不变的前提下，单一改变锚杆水平倾角，从而确定最优锚固角度。

（2）锚杆预应力优选。适当的锚杆预应力只是保证锚杆正常有效工作的一个重要作用力，但是在实际的锚杆设计中常常没有进行相关的理论计算和模型分析，而是通过工程经验确定出一个预应力数值，这种做法是没有任何依据的。合理的做法是结合锚杆变形和坡体位移，同时还要考虑预应力大小是否满足锚杆极限承载能力等要求。本小节就是在前述确定的最优支护结构基础之上，对锚杆预应力进行优选。

图 4-53 为不同预应力对坡体水平位移影响图。从图中可以看出，当预应力从 150kN 变化为 120kN 时，坡体的水平位移变化幅度比较小，当预应力从 120kN 变化到 70kN 时，坡体水平位移逐渐增大，特别是在预应力为 70kN 时坡体水平位移最大值达到 13.5mm。

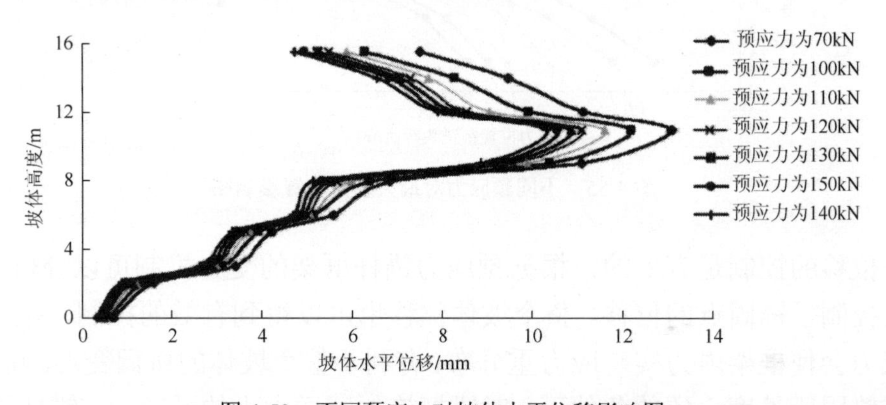

图 4-53 不同预应力对坡体水平位移影响图

图 4-54 和图 4-55 分别为不同预应力对锚杆轴力和其所在位置距锚头距离影响图。从图中可以看出，随着预应力增大，锚杆的最大轴力和其所在位置距锚头的距离均呈增大的变化趋势，当锚杆预应力由 120kN 变化为 150kN 时，锚杆轴力由 273kN 迅速增大为 364kN，并且锚杆的最大轴力连线呈“弓形”分布，锚杆最大轴力及其距锚头距离分布形式与坡体破坏的形状类似。

图 4-56 为不同预应力对锚杆伸长量影响图。从图中可以看出，预应力对锚杆伸长量的影响有三个特点：其一，随着预应力不断增大，锚杆变形逐渐减小，并且变形呈近似线性变化的关系。这说明预应力对锚

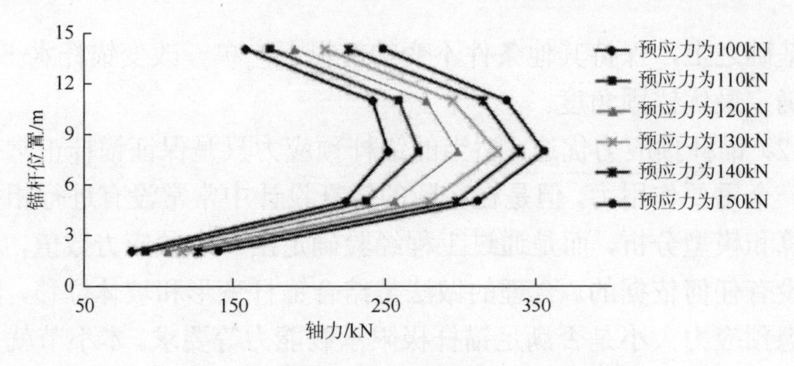

图 4-54　不同预应力对锚杆轴力最大影响图

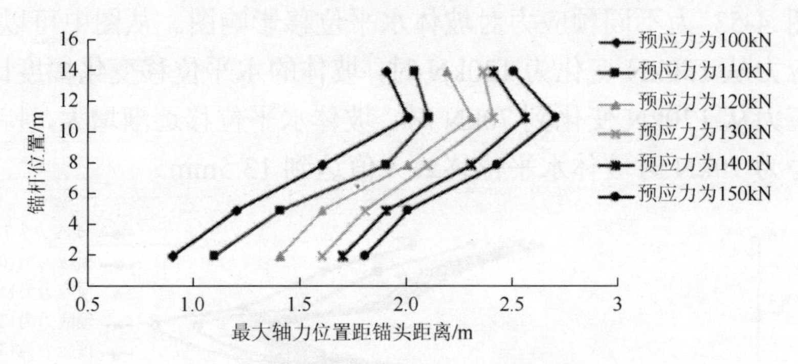

图 4-55　不同预应力对最大轴力位置影响图

杆位移的控制是有效的，根据预应力锚杆框架的受力机制可以分析出，其控制了锚固点的位移。整个坡体位移也可以得到有效的控制，并且预应力会使框架内力实现应力重分布，有利于整个坡体的协调变形。其二，在锚固段长度一致的条件下，对锚杆施加同样大小的预应力，锚杆的变形呈现出下部变形小、中上部变形较大的特点。其三，锚杆预应力施加

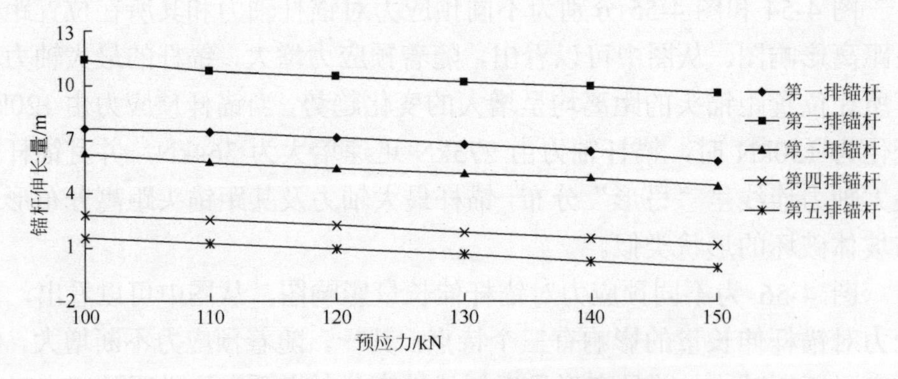

图 4-56　不同预应力对锚杆伸长量影响图

可以灵活确定，由于处于坡体中上部的位移较大，可以适当增大中上部的锚杆预应力；对于下部区域的坡体，由于本身变形不大，可以适当减小预应力。

由于锚杆预应力在施加过程中是比较灵活的，综合上述预应力对坡体位移、锚杆轴力和锚杆伸长量的影响图可以判定出：该工程的设计是锚固段相同的设计，因此结合图 4-53，当预应力为 120～150kN 时对坡体的整体稳定是有利的，但是由图 4-54 可知预应力在 120～150kN 内变化时，锚杆的轴力逐渐增大，对锚杆承载能力的要求不断提高，因此结合图 4-56 可以判定出，在锚杆段相同的条件下，选取 120kN 作为该工程的最佳预应力，既能够保证锚杆有较大的预应力储备，又能够有效控制坡体位移，同时有利于延长锚杆框架的使用寿命。

4）预应力锚杆自由段与锚固段分析

在预应力锚杆结构设计中，预应力锚杆的设计长度既要满足规范要求，同时要保证支护后能够稳定坡体。通常很多工程设计人员认为锚杆长度越长，越能够保证坡体稳定，这种想法其实是欠妥当的，因为锚杆长度增加不仅给施工上增加难度，而且工程造价会大幅度增大。从受力机制上分析，因为抗拔力的传递主要集中在锚固段的前端，所以过度增加锚杆长度的实际意义不大。因此，合理确定锚杆的长度，特别是在锚杆长度一定的前提下，合理地分配锚杆自由段和锚固段长度，对保证边坡整体支护效果和工程造价方面都是有意义的。

（1）预应力锚杆自由段分析和优选。在目前的设计过程中，设计者往往会进入一个误区，那就是在锚杆总长度保持不变的情况下，锚固段越长越好，由此导致自由段会设定得越来越短。甚至在设计过程中，即使在计算所得的自由段长度较长时，也要人为将其调小，将调整的部分增加到锚固段上去，实际上这种做法是不利于坡体整体稳定的。基于上述问题，本节主要对锚杆自由段长度进行分析。

由图 4-57 分析得出，随着锚杆自由段长度的增加，坡体的水平位移呈增大的趋势，特别是当锚杆自由段长度由 3m 变化为 6m 时，坡体的水平位移由 10.35mm 迅速增大为 12.27mm。可以看出过度增大锚杆自由段长度不利于坡体稳定。

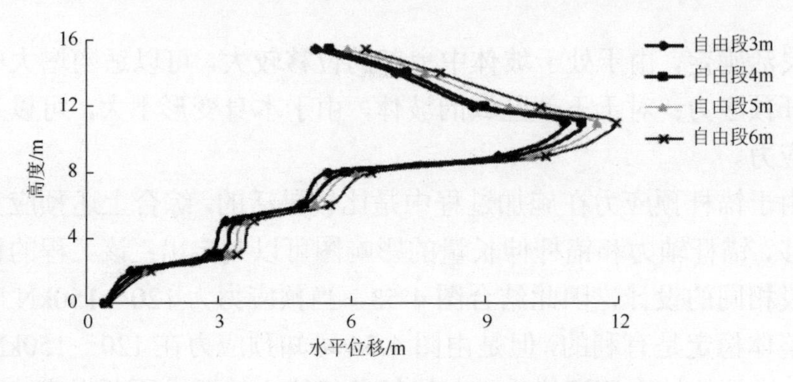

图 4-57　自由段长度对坡体水平位移影响图

由图 4-58 分析得出，锚杆的总体变形随着锚杆自由段长度增加而增加，并且增长趋势近似呈线性变化，造成这种变化的原因主要是，锚杆自由段的弹性变形比较大；因此也得出锚杆的自由段长度不宜过长，但是锚杆的自由段长度也不宜过短。如图 4-58 所示第五排锚杆，如果锚杆的自由段长度继续缩短，会使一部分锚固段处于滑裂面的主动区域内，当坡体在主动土压力作用下出现变形时，主动区内锚固段黏结力会逐渐减小，甚至转变为边坡临空面方向的黏结力，即负向黏结力，这样会影响锚固结构。因此可以看出锚杆的自由段也不宜过短。

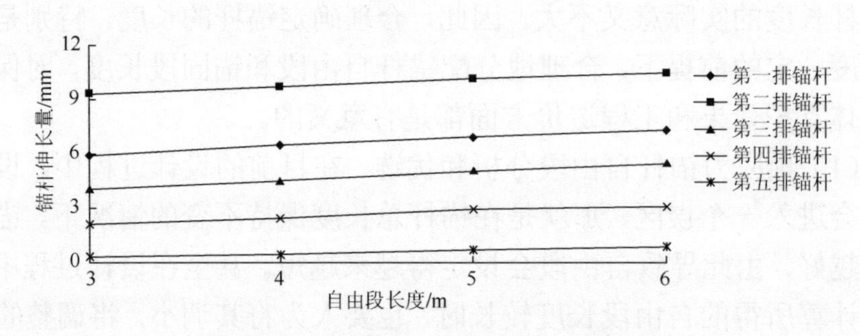

图 4-58　自由段长度对锚杆伸长量影响图

综合图 4-57 和图 4-58 分析可以得出，该工程将锚杆自由段设计为 3m，是比较合适的自由段长度，既有利于坡体位移的稳定，又不会造成锚固钢筋的浪费。

（2）预应力锚杆锚固段分析和优选。锚固段对预应力锚杆框架结构来说是一个很重要的参数，大量研究发现，锚杆锚固段的黏结力并不是我们所假设的均匀分布，而是从轴向点向内部逐渐减小的分布形式，特别是在施加的张拉力较小的时候，锚固段只是在上部发生锚固作用，下部基本不会产生影响，随着张拉荷载的逐渐增大，黏结力的峰值会逐渐向下移动，但是并不是沿着锚固段方向的所有岩层均能够加以利用，主要发挥作用的区域还是锚固段前端。因此锚固段达到一定长度之后，对锚杆的承载能力提高是有限的。本节主要针对 G312 路段工况对锚固段长度设定值进行具体分析，从而确定针对该工程的最佳锚固长度。

由图 4-59 分析得出，坡体位移随着锚固段长度的增加而减小，当锚固段长度由 4m 变化为 6m 时，坡体位移明显变小，当由 6m 变化为 8m 时，坡体位移的减小量并不明显，因此可以得出：锚固段长度在一定范围内对坡体位移影响明显，如果继续增加锚固段长度，并不能取得更好的效果，只会造成锚固钢筋的浪费。

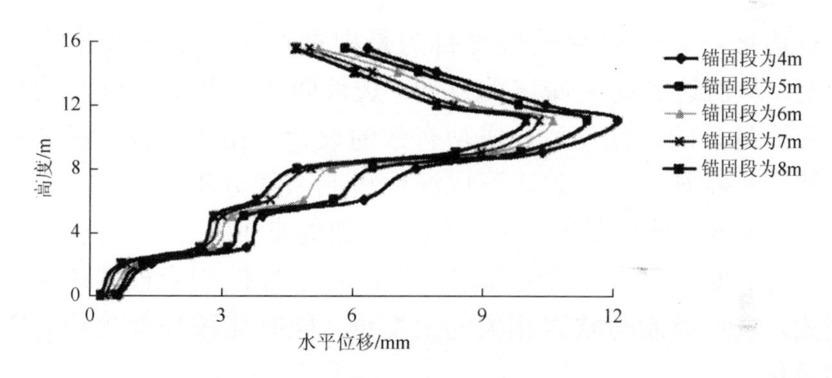

图 4-59 锚固段长度对坡体水平位移影响图

由图 4-60 分析得出，随着锚固段长度的增加，锚杆伸长量逐渐减小，并且变化趋势是呈非线性变化的。因此，在自由段和预应力保持不变的前提下，锚杆的锚固段长度增加会适当提高锚杆的极限抗拉强度，如果锚杆结构已经满足了拉拔力要求，继续增加锚固段长度是没有必要的，甚至会使锚杆产生负向位移，负向位移并不是实际工程中所需要的，但是锚固段长度设计也不能过短，设计过程中要保证锚固段既能够充分发挥注浆体与周围岩体的结合应力，又要保证锚杆本身有足够的应力储备，从而延长锚杆和框架结构的使用寿命。

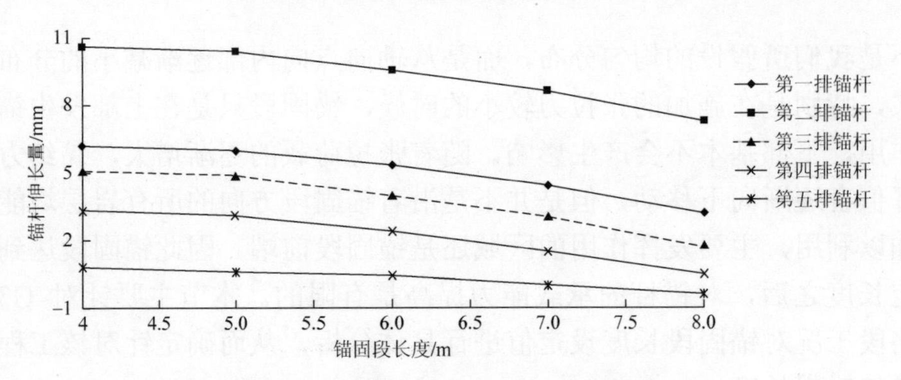

图 4-60　锚固段长度对锚杆伸长量影响图

综合图 4-59 和图 4-60 的分析可以得出，针对该工程，当锚固段长度为 6m 或 7m 时，有利于坡体稳定，没有负向位移产生，同时能够保证锚杆有较大的应力储备，有利于延长锚杆的使用寿命。

4.3.3　整治效果与验证

对边坡稳定性研究的最终目的是根据稳定性状况提出合理的支护方案，从而达到防灾减灾的目的。边坡防治工程的设计与实施是一套严密而复杂的系统工程，成功有效的设计与施工方案，必须建立在对斜坡结构特征、变形破坏形成演化机制系统分析的基础上。根据不同的边坡类型，选取针对性强、切实合理的支护方法，做到经济合理、技术可行、安全可靠。软硬互层边坡的稳定性控制应根据边坡变形破坏模式，重点控制与软岩相关的大变形，同时兼顾局部失稳并防治软岩的风化。

软硬岩互层边坡原生软弱层面及原生软弱夹层较多，后期经历了多次地质构造运动，层间错动及构造节理较发育，加之地下水的长期作用，原生软弱层面和原生软弱夹层有的已形成泥化夹层，这些结构面对边坡稳定性起控制作用。由于软硬互层边坡多属于陆相河湖沉积，多为砂岩、泥岩、粉砂岩、泥质粉砂岩、页岩、砾岩等交互成层，这些特有的软硬互层岩性造就了边坡多存在差异风化、差异卸荷作用，也就造成了软硬互层边坡不同的变形破坏模式和机理。

根据软硬互层边坡的稳定性影响因素和失稳破坏模式，软硬岩边坡的失稳多是由于软硬岩差异风化和水对软岩的软化、泥化作用，造成边坡的崩塌或滑坡。因此，应根据软硬互层边坡特有的岩性特点，提出针对性的支护措施。

（1）注重边坡的排水。软弱夹层对水的作用敏感，水岩作用可以使软岩的抗剪强度降低，软化滑带，同时可能对坡体产生动水压力、扬压力和推力。常见排水措施主要有地表修建截、排水沟，坡面设置仰斜排水孔，坡体内部设置排水洞。

（2）控制软岩风化。软硬岩的差异风化，致使硬岩块体下伏的软弱岩层不断风化剥落，形成岩腔，使硬岩块体支撑面积减小，导致块体重心不断外移，稳定性不断降低，后侧裂隙不断扩大。当底部支撑面不足以支撑块体，或其后侧裂隙充水产生较大静水压力以及水平地震力作用时，就会发生倾倒或拉裂。控制此类破坏模式的支护方法多为在凹腔部位树立支撑，从而保证上覆硬岩的稳定。

（3）控制软岩变形。软岩在地下水作用下通常具有塑流特性，下伏软岩在上覆岩层压力作用下，产生塑性流动并向临空方向挤出，导致上覆较坚硬的岩层拉裂、解体和不均匀沉降，或沿软弱夹层滑动。

4.4　本 章 小 结

本章针对甘肃古浪的干湿循环条件[16]，考虑边坡中泥岩的膨胀性与边坡的顺层和互层结构，分析了此类边坡崩塌产生的机制[21]，推导了干湿循环对泥岩膨胀和软化共同作用相关公式，判定了含水率阈值，进一步推导了膨胀性顺层边坡的砂岩抗裂系数、倾覆和滑动稳定系数计算公式。主要结论如下：

（1）该处泥岩有侧限无荷膨胀率为 5%，天然含水率下的最大膨胀力为 150kPa；在初始含水率和上部荷载一定的条件下，该处泥岩有荷膨胀率与吸水率 Δw 呈线性正相关关系；黏聚力 c 和内摩擦角 φ 与吸水率 Δw 均呈线性关系。

（2）该处泥岩含水率阈值为 13.5%。在含水率阈值范围内，该处泥岩抗剪强度随着含水率的增加而增大，这时泥岩吸水膨胀所产生的膨胀力对抗剪强度起主要作用；当含水率超过阈值时，抗剪强度随着含水率的增加而减小，此时泥岩因吸水而导致的 c、φ 值降低对抗剪强度起主要作用。

（3）膨胀性顺（互）层边坡崩塌机制为受干湿循环作用，软层泥岩反复胀缩，导致硬层砂岩产生节理并贯通；在集中降水作用下，泥岩崩解砂岩悬空，极限平衡打破则形成倾覆崩塌或滑动崩塌。

（4）悬空砂岩抗裂系数与砂岩岩层厚度的平方成正比，与下层泥岩的膨胀力成反比，与下层泥岩风化深度的平方成反比。

（5）悬空砂岩的倾覆稳定系数主要与泥岩初始风化深度和崩解深度的相对位置有关，泥岩的崩解深度越大，倾覆稳定系数越小。

（6）悬空砂岩的滑动稳定系数与砂岩岩层厚度成反比，与$(d_w-d_d)/d_w$成正比，与砂岩岩层倾角呈负相关关系，与抗剪强度参数c、φ呈正相关关系。

（7）以该古浪边坡为实际工程背景：①当抗剪强度折减系数$\beta=0.3$时，该砂岩层在张拉节理贯通时，在一般工况条件下处于基本稳定状况；②当$\beta=0.21$时，该砂岩层接近于临界极限状态；③当$\beta\leqslant0.2$时，该砂岩层处于不稳定状态。计算结果与现场情形吻合。

参考文献

[1] 王根龙, 伍法权, 祁生文. 悬臂-拉裂式崩塌破坏机制研究[J]. 岩土力学, 2012, 33 (增 2): 269-274.

[2] 李亚子. 膨胀性泥岩砂岩互层边坡崩塌机理研究[D]. 兰州: 兰州交通大学, 2014.

[3] 宋娅芬, 陈从新, 郑允, 等. 缓倾软硬岩互层边坡变形破坏机制模型试验研究[J]. 岩土力学, 2015, (2): 487-494.

[4] 陈志强, 沈焱辉, 樊湘勇. 公路软硬岩互层边坡稳定性分析及防治措施[J]. 贵州科学, 2015, 33 (6): 28-31, 37.

[5] 夏开宗, 陈从新, 鲁祖德, 等. 软硬岩互层边坡稳定性的敏感性因素分析[J]. 武汉理工大学学报（交通科学与工程版）, 2013, 37 (4): 729-732, 736.

[6] 夏开宗, 陈从新, 刘秀敏, 等. 水力作用下缓倾顺层复合介质边坡滑移破坏机制分析[J]. 岩石力学与工程学报, 2014, 33 (S2): 3766-3775.

[7] 程关文, 陈从新, 朱玺玺, 等. 软硬互层型边坡变形监测、预测及长期稳定性研究[J]. 武汉理工大学学报（交通科学与工程版）, 2014, (2): 422-425.

[8] 黄帅, 宋波, 蔡德钩, 等. 近远场地震下高陡边坡的动力响应及永久位移分析[J]. 岩土工程学报, 2013, 35 (S2): 768-773.

[9] 张红日, 黄正兵, 谢升晋. 渗流作用下软硬互层砂岩边坡稳定性研究[J]. 西部交通科技, 2013, (7): 4-8, 13.

[10] 刘云鹏, 邓辉, 黄润秋, 等. 反倾软硬互层岩体边坡地震响应的数值模拟研究[J]. 水文地质工程地质, 2012, 39 (3): 30-37.

[11] 宋玉环. 西南地区软硬互层岩质边坡变形破坏模式及稳定性研究[D]. 成都: 成都理工大学, 2011.

[12] 姚男. 列车振动荷载作用下软硬互层边坡的变形破坏机制与稳定性分析[D]. 成都: 成都理工大学, 2011.

[13] 董金玉, 杨继红, 伍法权, 等. 三峡库区软硬互层近水平地层高切坡崩塌研究[J]. 岩土力学, 2010, 31 (1): 151-157.

[14] 胡斌, 黄润秋. 软硬岩互层边坡崩塌机理及治理对策研究[J]. 工程地质学报, 2009, 17 (2): 200-205.

[15] 周应华, 邵江, 罗阳明. 近水平红层边坡变形破坏的力学机制分析[J]. 路基工程, 2006, (1): 6-7.

[16] 刘明春, 杨晓玲, 殷玉春, 等. 武威市相对湿度气候特征及预报[J]. 干旱区研究, 2012, 29 (4): 654-659.

[17] 陈志敏, 朱烜. 砂泥岩互层边坡膨胀性泥岩力学性能试验研究[J]. 路基工程, 2017, (3): 97-102.

[18] 丁振洲, 郑颖人, 李利晟. 膨胀力变化规律试验研究[J]. 岩土力学, 2007, 28 (7): 1328-1332.

[19] 中华人民共和国交通部. 公路土工试验规程: JTG E40—2007[S]. 北京: 人民交通出版社, 2007.

[20] 张凤翔. 软岩膨胀力和膨胀率的测试[J]. 煤炭科学技术, 1987, (3): 9-11.

[21] 陈志敏, 李亚子, 哈建超. 古浪软硬互层边坡崩塌机理研究[J]. 公路, 2016, (10): 36-40.

5 结论与展望

5.1 高陡黄土边坡

黄土高原是我国地质灾害频发的地区之一，区域内存在银川—天水—武都六盘山、兰州—天水祁吕系前弧西翼北西向和渭南—西安—宝鸡祁吕系前弧东翼北东向这三大地震带，均为活跃地震带。我国西北地区由于特殊的地域和环境条件，是世界上地质灾害最为严重的地区之一，大型的地震黄土滑坡因体积大、运动速度快、致灾距离远、破坏性大，造成惨重的人员伤亡和巨大的经济损失，从而成为岩土工程界研究的焦点问题。因此，面对突发的地震地质灾害，系统地开展地震黄土滑坡的启动机制研究以及破坏过程分析，对地震地质灾害成功预测和评估均具有重大现实意义。

随着西部地区大量基础设施建设的实施，尤其是铁路、公路建设，不可避免地遇到大量黄土高边坡。大量的黄土边坡灾害严重影响着西部经济建设，危害行车安全。黄土边坡变形破坏机理及稳定性研究分析是其预测预报的基础，黄土边坡形成机理是复杂岩土力学问题，它需要综合考虑各方面因素，综合利用多种理论才能得以合理解释。鉴于边坡在一种环境下可能有几种机理，不同环境也可能有一样机理，或多种环境下的几种机理相互关联，上述理论并不是孤立的，而是相互联系的，任何理论都无法单独全面解释边坡变形破坏机理。

降水是大多数黄土边坡水分的唯一补给来源，如果根据地表降水补给和蒸发排泄过程能预测边坡中水分的变化，并确定水分变化与抗剪强度的关系，则有可能对边坡稳定性做出判断，并确定降水阈值。

黄土边坡机理的研究虽然众多，成果颇丰，但仍是悬而未决的国际难题，也是重点、热点问题。当前研究的另一思路是综合运用地学、数学、力学、系统科学、计算机等多学科多理论，加强试验研究，争取更大突破。

5.2 高陡盐渍土边坡

盐渍土的形成与所处的地理位置、地形、气候、水文地质和一些由人类造成的因素有关。例如，处于地表上的岩石，由于风化作用易产生或多或少的可溶盐类。这些盐类之所以使地下水的矿化度大小不断增高，是因为一部分盐在地表水的作用下溶解，并随着水流渗到土中，补给地下水。在干旱季节，含有较高矿化度的地下水在蒸发作用下水中的盐分会结晶析出，聚集在地表及地表不深的土层中形成盐渍土，在地下水作用下溶解的盐类由于土中毛细管的引力作用上升至地表或接近地表；岩石风化所形成的另一部分盐分会被地表流水带到江河中，流入海洋、湖泊和洼地，使海洋和湖泊中的含盐量增加。在沿海地区，往往被海水浸渍的海岸土壤，经蒸发作用后，水中的盐分凝聚在地表和接近于地表的土层中，容易形成沿海盐渍土。

K938 重塑盐渍土试验表明，泛盐程度与土中含水率的高低有着直接的关系，即盐分从含水率高的位置向含水率低的位置迁移，说明在毛细水上升高度范围内会有明显的泛盐现象。

改良盐渍土将毛细水上升高度范围控制得很低而未发现明显泛盐现象，进一步说明控制盐渍土中毛细水上升高度能够防止盐渍土病害的发生。

K938 Ⅲ-3 型改良盐渍土的毛细水上升高度和次生盐渍土化平行试验以及 K938+100 Ⅲ-4 型改良盐渍土的毛细水上升高度和次生盐渍土化平行试验均表明，盐渍土经水泥、石灰和粉煤灰等掺入物改良后能有效地降低毛细水上升高度，从而有效地抑制次生盐渍化现象的发生。

5.3 高陡泥砂岩互层边坡

软硬互层边坡在西部地区分布广泛，结构复杂多变，受软硬岩层厚度和分布影响，其变形破坏模式复杂，成为该地区大型基础设施建设的重要工程地质问题。

西部地区发育大量软硬互层岩体边坡，特别是红层、变质岩、煤系地层等分布的地区，泥岩、千枚岩、煤层等均形成严重影响边坡稳定的软弱岩层，并产生了大量大规模崩滑地质灾害，受岩性差异影响，软硬互层边坡差异风化明显，加上构造条件复杂，贯通的软岩往往形成贯通坡体的软弱结构面或软弱基座，对边坡稳定性不利。边坡在开挖情况下，坡体将沿软岩或软硬岩层接触面产生应力释放型剪切错动，并伴生长大卸荷拉裂缝。这类软弱结构面和卸荷裂隙往往将形成控制高陡边坡稳定的控制性结构面，而边坡产生变形时通常会在坡面上产生与这些控制性结构面走向一致的裂缝。

根据不同的控制边坡稳定性因素，将软硬互层型边坡失稳模式分为受软弱基座控制的边坡变形失稳、受岩性控制的边坡变形失稳和受层面、软弱面、软弱夹层、结构面等组合关系综合控制的边坡失稳。

提出了基于变形理论的边坡地质模型建立方法和原则，研究了岩体力学参数取值方法、软岩和软弱夹层边坡建模简化方法、网格剖分原则等，为边坡的变形稳定性分析奠定了基础。

根据软硬互层边坡的稳定性影响因素和失稳破坏模式，提出如下软硬互层边坡支护设计原则：

（1）注重边坡的排水。软弱夹层对水的作用敏感，水岩作用可以使软岩的抗剪强度降低，软化滑带，同时可能对坡体产生动水压力、扬压力和推力。

（2）控制软岩风化。采用表面封闭等措施，减少泥岩风化，避免硬岩块体下伏的软弱岩层不断风化剥落，形成岩腔，使硬岩块体支撑面积减小，导致块体重心不断外移，稳定性不断降低，后侧裂隙不断扩大。

（3）控制软岩大变形。软岩在地下水作用下通常具有塑流特性，下伏软岩在上覆岩层压力作用下，产生塑性流动并向临空方向挤出，导致上覆较坚硬的岩层拉裂、解体和不均匀沉降，或沿软弱夹层滑动。